职业技能等级认定培训教材

密码技术应用员

（基础知识）

韩文报　主编

中国劳动社会保障出版社

图书在版编目（CIP）数据

密码技术应用员. 基础知识 / 韩文报主编. -- 北京 : 中国劳动社会保障出版社，2024. --（职业技能等级认定培训教材）. -- ISBN 978-7-5167-6269-1

Ⅰ. TN918. 4

中国国家版本馆 CIP 数据核字第 2024CR4663 号

中国劳动社会保障出版社出版发行

（北京市惠新东街 1 号　邮政编码：100029）

*

北京市科星印刷有限责任公司印刷装订　　新华书店经销

787 毫米 ×1092 毫米　16 开本　12.5 印张　201 千字

2024 年 10 月第 1 版　　2024 年 10 月第 1 次印刷

定价：35.00 元

营销中心电话：400-606-6496

出版社网址：http://www.class.com.cn

本书编审人员

主　编：韩文报

副主编：张琼露　欧　嵬

编　者：（按姓氏笔画排序）

马建强　牛莹姣　岳秋玲　周晓谊

审　稿：王永娟　刘凤梅　马吉力　祝烈煌

前　言

为加快建立劳动者终身职业技能培训制度，全面推行职业技能等级制度，推进技能人才评价制度改革，进一步规范培训管理，提高培训质量，有关专家根据《密码技术应用员国家职业技能标准（2022年版）》（以下简称《标准》）编写了密码技术应用员职业技能等级认定培训系列教材（以下简称等级教材）。

密码技术应用员等级教材紧贴《标准》要求编写，内容上突出职业能力优先的编写原则，结构上按照职业功能模块分级别编写。该等级教材共包括《密码技术应用员（基础知识）》《密码技术应用员（四级　三级）》《密码技术应用员（二级　一级）》3本。《密码技术应用员（基础知识）》是各级别密码技术应用员均需掌握的基础知识，其他各级别教材内容分别包括各级别密码技术应用员应掌握的理论知识和操作技能。

本书是密码技术应用员等级教材中的一本，是职业技能等级认定推荐教材，也是职业技能等级认定题库开发的重要依据，适用于职业技能等级认定培训和中短期职业技能培训。

本书在编写过程中得到中国密码学会、海南大学、中国科学院信息工程研究所、国家信息中心、中国电子科技集团公司第三十研究所、兴唐通信科技有限公司、中国工业互联网研究院、中国电力科学研究院有限公司、中国人民银行数字货币研究所、联通华盛通信有限公司、昆仑数智科技有限公司、密码科技国家工程研究中心、中国人民解放军网络空间部队信息工程大学、国家信息技术安全研究中心、深圳市网安计算机安全检测技术有限公司、江苏微锐超算科技有限公司、北京理工大学、北京电子科技学院等单位的大力支持与协助，在此一并表示衷心感谢。

目　录 CONTENTS

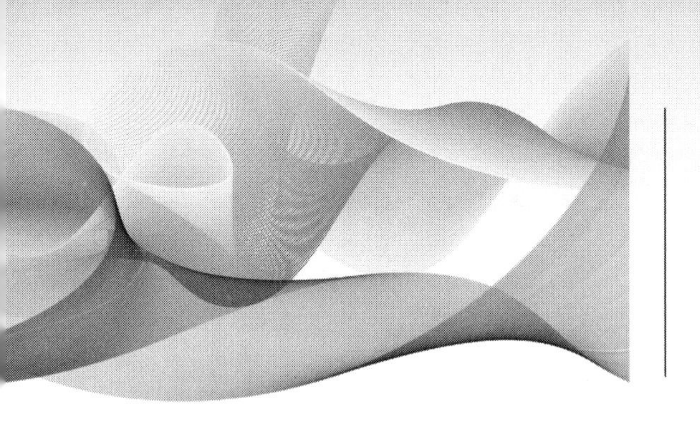

职业模块 1 职业道德

培训课程 1 职业道德基础知识

一、职业道德主要内容

1. 爱岗敬业

爱岗就是热爱自己的工作岗位，热爱本职工作。敬业是爱岗的升华，是以恭敬、严肃的态度对待自己的职业，对本职工作一丝不苟。

2. 诚实守信

诚实就是表里如一，说老实话、办老实事、做老实人。守信就是信守诺言，讲信誉、重信用，忠实履行自己的义务。

3. 办事公道

办事公道要求从业人员站在公正的立场上，按照同一标准和同一原则办事。

4. 服务群众

服务群众就是为人民群众服务。社会中的全体从业者要通过互相服务来促进社会发展，实现共同幸福。

5. 奉献社会

奉献社会就是要履行对社会、对他人的义务，自觉、努力地为社会、为他人作出贡献。

二、职业道德特征

1. 职业性

职业道德的内容与职业活动紧密相连，反映了特定职业活动对从业人员行为的道德要求。某职业的职业道德只能规范本职业从业人员的职业行为，在特定的职业范围内发挥作用。

2. 实践性

职业行为过程就是职业实践过程，只有在职业实践过程中才能体现从业人员的职业道德水平。职业道德的作用是调整职业关系，对从业人员职业活动的具体行为进行规范，解决现实生活中的具体道德冲突。

3. 继承性

职业道德具有继承性，是在长期实践过程中形成的，会被作为经验和传统继承下来。在不同的社会经济发展阶段，同一种职业的服务对象、服务手段、职业利益、职业责任和义务相对稳定，职业行为的核心道德要求将被继承和发扬，从而形成被不同社会发展阶段普遍认同的职业道德规范。

4. 纪律性

纪律是一种行为规范，它是介于法律和道德之间的一种特殊规范。它既要求人们能自觉遵守，又带有一定的强制性。因此，职业道德往往以制度、章程、条例的形式明确。从业人员应认识到职业道德具有纪律性。

5. 多样性

社会分工的多样性决定了职业道德的多样性，可以说，有多少种分工就有多少种职业道德。虽然道德的基本精神在最高的理论层次上是相通的，但不同的职业有不同的职业道德标准。

三、职业道德基本要求

1. 忠于职守，乐于奉献

忠于职守是指从业人员要安心工作、热爱工作、献身所从事的行业，把自己的理想和追求落到工作实处，在平凡的工作岗位上作出非凡的贡献。乐于奉献是职业道德对从业人员的内在要求，从业人员要有高度的责任感和使命感，献身事业，树立崇高的职业荣誉感，克服任务繁重、条件艰苦等困难，勤勤恳恳、任劳任怨。

2. 客观公正，实事求是

从业人员必须办实事、求实效，坚决反对在工作上弄虚作假，永葆初心，坚持无私无畏的职业作风与职业态度。

3. 依法行事，严守秘密

国家大力推进法治建设，加大执法力度，严厉打击各种违法乱纪行为，依靠法律的强制力量清除滋生腐败的土壤。从业人员应牢记，保守国家、企业和个人秘密是职业道德的重要准则。

4. 公正透明，服务社会

公正透明是对客观原则的恪守，包括不偏袒任何一方，不利用职权谋取私利，不参与或纵容任何形式的腐败行为，同时保持工作的透明度，接受社会的监督和评价，不隐瞒或歪曲事实真相。

四、职业道德作用

1. 调节职业交往中从业人员内外部关系

职业道德的基本职能是调节。一方面，职业道德可以调节从业人员内部的关系，即运用职业道德规范约束内部人员的行为，促进内部人员的团结与合作。另一方面，职业道德又可以调节从业人员和服务对象之间的关系。

2. 维护和提高本行业信誉

一个行业的信誉代表其形象、信用和名誉，提高行业的信誉主要靠提高产品质量和服务质量，而从业人员职业道德水平高是产品质量和服务质量优良的有效保证。

3. 促进本行业发展

企业、行业的发展依赖于经济效益的增长，而经济效益的增长离不开员工素质的提升。员工素质主要由知识、能力、责任心三方面构成，其中最重要的就是责任心。责任心是从业人员应具备的基本素养。从业人员职业道德水平的提升能有效促进行业发展。

4. 提高全社会的道德水平

职业道德是整个社会道德的主要内容。职业道德能反映从业人员如何对待职业、岗位工作，又能反映从业人员的生活态度、价值观念。职业道德也是一个职业全体从业人员的行为表现。如果每个职业集体都具备优良的道德水平，则会对整个社会道德水平的提高起到积极作用。

培训课程 2 密码从业人员职业道德

一、密码从业人员职业道德概述

1. 密码从业人员职业道德主要内容

密码从业人员职业道德主要内容包括：政治立场坚定，热爱祖国，社会责任感强，具有崇高的理想和高尚的情操，以及正确的人生观与价值观；遵纪守法，遵守社会公德，坚守道德底线，具有实事求是、坚持真理的品格，爱岗敬业的精神和一丝不苟的作风，以及服务社会的意识。

2. 密码从业人员职业素养特点

（1）政治素养过硬。密码从业人员作为保卫国家网络疆场的安全员、战斗员，是国家网络空间战场的生力军，担负着意义非凡的使命与责任。对网络空间安全的捍卫者来讲，技术能力不是唯一的衡量标准，坚定的政治素养和无私的奉献精神往往决定其能否堪当大任。

（2）法律和道德素养良好。网络主权认定、网络数据利用和个人隐私保护的边界越来越受到关注，相关立法和保护措施越来越明晰。这些行业现状要求密码从业人员具有良好的法律和道德素养，从而厘清网络空间的边界、权利和义务，更好地规范自身在网络空间的行为，远离网络违法犯罪，同时避免产生不必要的网络行为纠纷。

（3）心理素质和人文素养良好。随着各国网络空间安全防护意识和手段的不断提升，单靠技术手段完成网络入侵与攻击变得越来越困难。有学者认为，70%的网络安全事件本质上都是人的问题。高级的网络安全攻击通常是从技术人员本身下手，运用社会学、心理学等知识找到人在网络生态系统中的弱点，而后再用技术手段打开突破口。因此，密码从业人员除了需要掌握专业技术，还需要掌握公共管理、社会学和心理学等学科知识。

3. 密码从业人员职业道德基本要求

（1）维护国家、社会和公众的信息安全。自觉维护国家信息安全，拒绝并抵制泄露国家秘密和破坏国家信息基础设施的行为；自觉维护网络社会安全，拒绝并抵制通过计算机网络系统谋取非法利益和破坏社会和谐的行为；自觉维护公众信息安全，拒绝并抵制通过计算机网络系统侵犯公众合法权益和泄露个人隐私的行为。

（2）诚实守信，遵纪守法。不通过计算机网络进行造谣、欺诈、诽谤、弄虚作假等违反诚信原则的行为；不利用个人的信息安全技术能力实施或组织各种违法犯罪行为；不在公众网络传播反动、暴力、色情、低俗信息及非法软件。

（3）努力工作，尽职尽责。热爱密码工作，充分认识密码行业的责任和使命；为发现和消除本单位或雇主的信息系统安全风险作出应有的努力和贡献；帮助和指导密码同行提升密码保障能力；为有需要的部门谨慎、负责地提出应对密码问题的建议。

（4）发展自身，维护荣誉。持续学习密码知识，在日常工作、技能交流中提升密码实践能力；以密码从业人员的身份为荣，避免任何损害密码行业声誉的行为。

二、密码从业人员职业守则

1. 爱党爱国，立场坚定

密码从业人员应坚决拥护中国共产党的理论和路线方针政策，深刻理解建设网络强国与全面建设社会主义现代化国家、实现中华民族伟大复兴的内在关联，深入学习贯彻习近平总书记关于网络安全和信息化工作的一系列重要论述，牢固树立正确的网络安全观，坚持统筹发展和安全，坚持网络安全为人民、网络安全靠人民，坚决维护网络意识形态安全，着力提升维护网络安全的能力，切实承担起网络安全捍卫者、网络强国建设者的职责使命，为营造风清气正的网络空间、推进网络强国建设作出贡献。

2. 遵纪守法，诚实守信

密码从业人员应遵守国家法律法规，明确岗位行为边界，在维护政府形象、企业名誉、自身知识产权等权益的同时，自觉接受行业监管，积极履行主体责任，拒绝从事任何危害国家安全、侵犯他人和其他企业合法权益等的违法活动。

诚信是立身之本，也是行业之基。密码从业人员的诚信不仅关乎其个人的职业生涯发展，还对政府形象、行业声誉、企业品牌有很大影响。应在行业内传播诚信理念，倡导诚信经营。密码从业人员应重信守诺、求真务实，自觉抵制弄虚作假、造谣传谣、误导欺骗、恶意营销等违反诚信原则的行为，与对手合法公平竞争，珍视行业信誉与职业声誉。

3. 坚持原则，严守秘密

密码从业人员应做到：不该说的秘密不说，不该问的秘密不问，不该看的秘密不看，不该带的秘密不带，不在私人书信中涉及秘密，不在非保密本上记录秘密，不用普通邮件传递秘密，不在非保密场所阅办和谈论秘密，不私自复制、保存和销毁秘密，不带秘密载体游览或者探亲访友。

4. 忠于职守，爱岗敬业

忠于本职是履行岗位职责的最高表现形式，也是行业人员遵守职业纪律的基本要求。密码从业人员应以高尚的职业道德精神，在本职岗位上尽职尽责，对密码工作认真负责，积极承担起岗位赋予的职责，把工作中的每一件事做好、做精、做细，一丝不苟，精益求精。

爱岗敬业是全社会大力提倡的职业道德行为准则，是国家对职业行为的共同要求。密码从业人员应热爱并尽心尽力做好本职工作，以恭敬的态度认真对待密码工作，高度负责，致力于圆满完成工作任务。

5. 积极进取，刻苦钻研

密码从业人员应勇于面对困难，始终坚定自信，保持积极向上的进取心；应不断开拓创新，主动接受新事物，学习新知识，掌握新技术；要积极适应新变化，不断与时俱进，持续追求进步。

按照国家职业标准要求，不同级别密码从业人员应掌握的理论知识和操作技能有所不同。密码从业人员应自觉加强学习，勤学苦练，在知识和技术更新换代的信息化时代，及时掌握最新的行业动态和前沿技术，努力向复合型人才发展，做到一专多能。

6. 团结协作，甘于奉献

（1）处理好团结与竞争的关系。在社会主义市场经济条件下，竞争就是生产力。竞争必须是公平、公正、公开的。密码从业人员应在积极竞争的同时注意团结、善于协调，以求共赢。

（2）处理好分工与协作的关系。在社会化大生产活动中，每位密码从业人员的岗位都有明确的分工和目标责任制。因此，密码从业人员不仅要按分工要求完成自己的工作，也要重视与其他岗位人员的协作，处理好分工与协作的关系，实现集体共同目标。

（3）处理好团结协作、互帮互助与坚持原则的关系。谨记从国家和集体的利益出发，坚持全心全意为人民服务的根本宗旨。密码从业人员应把甘于奉献的精神状态和理想信念投入密码工作之中，培养良好的职业素养和掌握一定的职业技能，发扬奉献精神，履行社会责任，始终把国家利益放在高于一切的位置，以服务意识和奉献精神立足岗位，实现国家利益与个人利益、社会效益与经济效益的统一。

职业模块 2 计算机基础知识

培训课程 1 计算机组成原理

一、计算机系统

1. 计算机系统组成

计算机系统包括硬件系统和软件系统两大部分。硬件系统是指由电子线路、元器件和机械部件等构成的具体装置，它们是计算机系统的物质基础。计算机性能在很大程度上取决于硬件的配置。软件系统是指计算机运行需要的程序、数据和技术资料等，它们是发挥计算机功能的关键。只有硬件而没有任何软件支持的计算机被称为裸机。计算机系统的主要组成如图 2–1 所示。

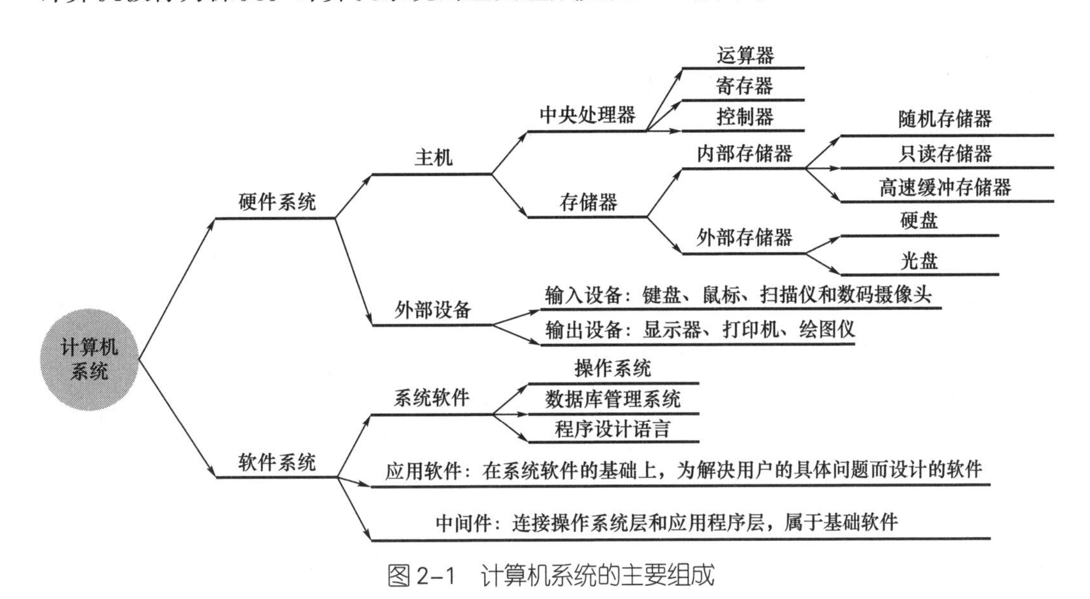

图 2–1　计算机系统的主要组成

（1）硬件系统。硬件系统是指组成计算机的各种物理装置，主要有主机、外部设备（简称外设）等。

1）基本组成。硬件系统的简化结构模型如图 2–2 所示，包含中央处理器

（central processing unit，CPU）、存储器、输入输出（I/O）设备和接口等功能部件，各部件之间通过系统总线相连接。

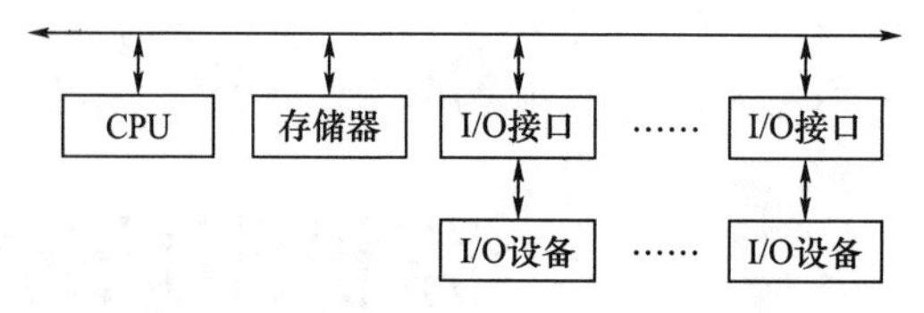

图 2–2　硬件系统的简化结构模型

①CPU。CPU 是计算机硬件系统的核心部件，其主要功能是读取并执行指令，发送控制信息，收集各部件状态信息，与各部件交换数据信息。CPU 由运算器（central arithmetical，CA）、寄存器（register）和控制器（central control，CC）组成。

②存储器。存储器是计算机用来“记忆”或暂存数据或信息的部件。基本的存储单位是存储单元，可以通过不同的地址区分并访问存储单元。存储器分为内部存储器（又称内存或主存储器、主存）和外部存储器（又称外存或辅助存储器）。

③输入输出设备。输入设备是用来完成输入功能的部件，它将外部信息转换为计算机能够识别的代码输入主机，如键盘、鼠标、扫描仪等。输出设备是用来将计算机工作的中间结果及处理结果转换为人们能识别的形式进行输出与显示的设备，如显示器、打印机等。两者合称输入输出设备，输入输出设备又称外部设备。

④总线。总线是一组能被多个部件分时共享的信息传输线。现代计算机普遍采用总线结构，即用一组系统总线将 CPU、存储器和 I/O 设备等连接起来进行信息交换。系统总线可分为地址总线、数据总线和控制总线。

⑤接口。为了将标准的系统总线与各具特色的 I/O 设备连接起来，在系统总线与 I/O 设备之间需要设置一些部件，它们具有缓冲、转换、连接等功能，被称为 I/O 接口，如 USB（universal serial bus，通用串行总线）接口、SATA（serial advanced technology attachment interface，串行先进技术总线附属接口）和 PCI–e（peripheral component interconnect express，外设部件互连扩展）总线接口。

2）典型硬件架构及其特点。下面以微型计算机的南－北桥架构（见图 2–3）为例，介绍计算机典型硬件架构。HDMI（high definition multimedia interface）是高清多媒体接口，FSB（front side bus）是前端总线，DMI（direct media interface）是直接媒体接口，BIOS（basic input/output syetem）是基本输入输出系统。

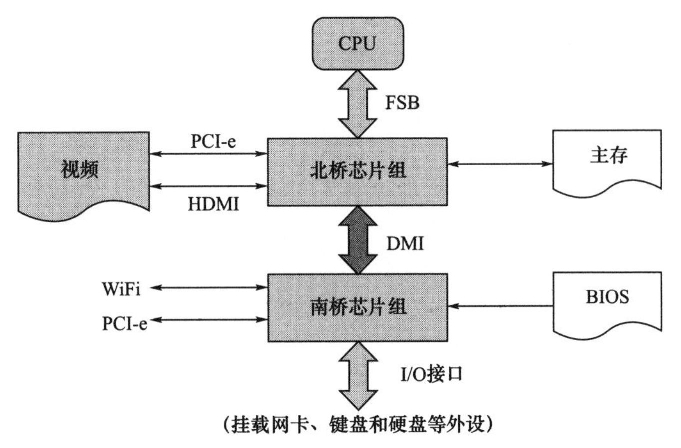

图 2–3 微型计算机的南 – 北桥架构

采用南 – 北桥架构的微型计算机主板有两个面积较大的芯片组，其中靠近 CPU 的一个为北桥芯片组，又称主桥，它主要负责控制 AGP（accelerate graphical port，加速图形接口）显卡、主存等与 CPU 之间的数据交换；而另一个为南桥芯片组，它主要负责 I/O 接口等外设接口的控制、集成驱动电子设备的控制及附加功能的支持等。传统的南 – 北桥架构是通过 PCI–e 总线来连接的。

（2）软件系统。软件系统是指为运行、维护、管理、应用计算机所编制的程序和数据的组合，其按功能可分为系统软件、应用软件和中间件。

1）系统软件。系统软件是指控制和协调计算机及其外部设备，支持应用软件开发和运行的软件。其主要功能是调度、监控和维护系统等。具体包括操作系统、语言处理程序、实用程序（如调试、故障检查和诊断程序等）、数据库管理系统等。

2）应用软件。应用软件又称应用程序，是指用户为解决各种实际问题而编制的计算机程序及其有关资料。应用软件大体上分为用户程序、应用软件包等。

3）中间件。中间件是独立的系统级软件，它连接操作系统层和应用程序层，属于可复用软件的范畴。中间件将不同操作系统的接口标准化、协议统一化，屏蔽具体操作细节，同时具有通信支持、应用支持、公共服务等功能。

2. 计算机的设计思想和工作流程

（1）冯·诺依曼设计思想。计算机的工作过程就是执行程序的过程。现代计算机都是基于冯·诺依曼提出的“存储程序”原理设计、制造出来的。冯·诺依曼计算机体系结构如图 2–4 所示，它具有以下 3 个特点。

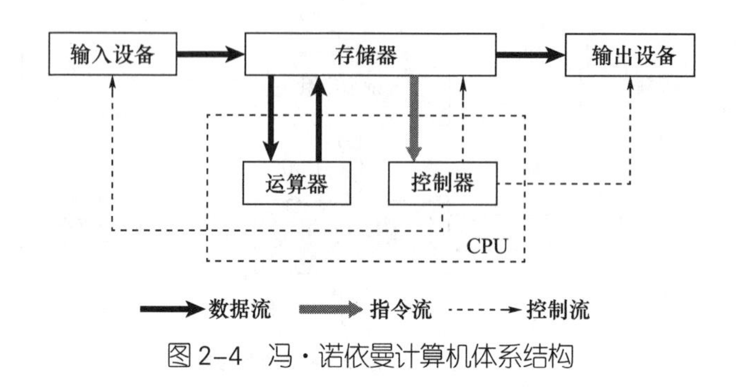

图 2–4　冯·诺依曼计算机体系结构

1）计算机由运算器、控制器、存储器、输入设备、输出设备五大组件组成。

2）计算机内部采用二进制表示数据和指令。每条指令一般具有一个操作码和一个地址码。操作码表示运算性质，地址码指出操作数在存储器中的地址。

3）将程序和执行程序所需要的数据存储在计算机中，计算机在工作时能自动逐条读取指令并加以执行。

根据冯·诺依曼的设计，计算机自动执行程序可以归纳为以下 4 项：①读取指令，将要执行的指令送到指令寄存器暂存；②分析指令，根据指令译出对应的微操作；③执行指令，向各部件发出相应的控制信号，完成操作；④形成下一条指令地址。

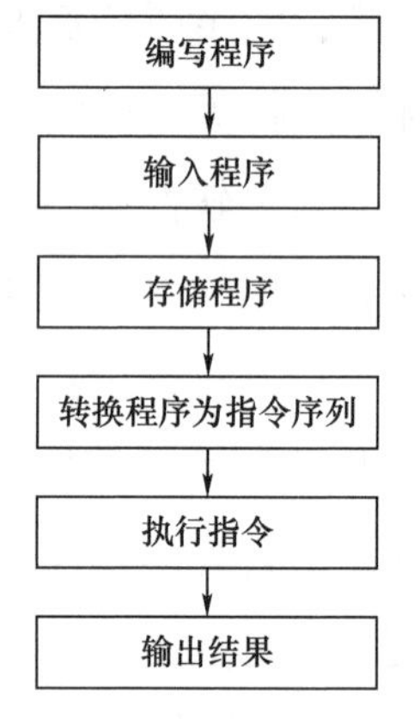

图 2–5　计算机工作流程

（2）计算机工作流程。计算机工作流程如图 2–5 所示。首先，用户编写程序（源程序），通过输入设备将程序和待处理的数据送入计算机并存放在存储器中。其次，计算机将源程序编译、转换为机器指令，并按一定顺序存放在存储器中。再次，当计算机启动运行后，控制器先将某个地址送往存储器，并从该地址的存储单元取回一条指令，再根据指令的含义发出操作命令，控制该指令的执行。最后，通过输出设备将结果显示出来。

二、计算机的数据表示

生活中常用的计算机主要是冯·诺依曼型计算机，这种计算机内部只能识别

“0”和“1”两个二进制形式的数字符号，各种信息必须转换成二进制形式后才能被计算机传送、存储和处理。采用二进制编码的原因如下：实现容易，电压的高与低、开关的接通与断开都可以用“1”和“0”来表示；运算简单，可简化电路，抗干扰能力强，可靠性高；易于转换，与不同数制间的转换易于被计算机处理。数据分为数值型和非数值型两类，数据类型不同，其编码方式也不同。下面简要介绍这两类数据的相关知识。

1. 数值数据

（1）进位计数制。进位计数制是指利用固定的数字符号和统一的规则来计数的方法。按照进位方式计数的数制称为进位计数制。例如：逢十进一，即十进制；逢二进一，即二进制；逢八进一，即八进制。

1）要素。进位计数制包括三个要素——数位、基数和位权。

①数位。数位是指数码在一个数中所处的位置。

②基数。基数是指各种进位计数制中允许选用的基本数码个数。

③位权。每个数码所表示的数值，等于该数码乘以一个与数码所在位置相关的常数，这个常数就是位权，又称位的权数。

2）数制。常用数制见表 2–1。

表 2–1　常用数制

数制	基数	基本符号	权	字母表示
二进制	2	0，1	2^n	B
八进制	8	0，1，2，3，4，5，6，7	8^n	O
十进制	10	0，1，2，3，4，5，6，7，8，9	10^n	D
十六进制	16	0，1，2，3，4，5，6，7，8，9，A，B，C，D，E，F	16^n	H

注：n=0，1，2，3，…。

①二进制（binary）。二进制的数码是用 0 和 1 两个数字符号表示的，基数是 2，进位规律是逢二进一。

②八进制（octonary）。八进制的数码是用 0，1，2，3，4，5，6，7 八个数字符号表示的，基数是 8，进位规律是逢八进一。

③十进制（decimal）。十进制是人们十分熟悉的一种数制。它的数码是用 0，1，2，3，4，5，6，7，8，9 十个数字符号表示的，基数是 10，进位规律是逢十

进一。

④十六进制（hexadecimal）。十六进制的数码是用0，1，2，3，4，5，6，7，8，9，A，B，C，D，E，F十六个数字和字母符号表示的，基数是16，进位规律是逢十六进一。

所有信息都要转换为二进制才能够被计算机识别，因而二进制信息代码又称机器代码或者机器指令，属于低级语言。二进制、八进制、十六进制是计算机应用中使用最多的三种数制。注意，八进制和十六进制是为了方便表示信息而引入的，在计算机内部并不采用。

（2）数据单位。为了能有效地表示、存储和传输二进制数据，一般采用位（bit）、字节（byte）、字长（word）等基本数据单位。常见的数据存储单位还有千字节（KB）、兆字节（MB）、吉字节（GB）、万亿字节（TB）、千万亿字节（PB）等。

1）位。位音译为“比特”，是最小的数据单位。其英文bit来源于binary digit，即“二进制数字”。一个比特就是二进制数字中的一个1或0。

2）字节。字节是数据处理的基本单位之一，即以字节为单位存储和解释信息，简记为B。规定一个字节等于8个二进制位，即1 B=8 bit。

3）字长。处理数据时，CPU通过数据总线一次存取、加工和传送的数据长度称为字长。一个字长通常由一个或者若干个字节组成。字长是计算机一次所能处理的实际数据长度，字长越大，计算机性能越好。字长有8位、16位、32位、64位不等。

（3）二进制数的运算。逻辑变量之间的运算称为逻辑运算。逻辑变量的取值只有两种——真true和假false，它们用来表示两种成对出现的逻辑概念。

1）逻辑与运算。逻辑与运算又称“逻辑乘”运算，用·、∧、∩或AND等运算符号来表示。逻辑与的运算规则是：0 ∧ 0=0，0 ∧ 1=1 ∧ 0=0，1 ∧ 1=1。当两个逻辑值都为1时，结果为1，否则为0。例如，100111 ∧ 110101=100101。

2）逻辑或运算。逻辑或运算又称“逻辑加”运算，用+、∨或OR等运算符号来表示。逻辑或的运算规则是：0 ∨ 0=0，0 ∨ 1=1，1 ∨ 0=1，1 ∨ 1=1。当两个逻辑值都为0时，结果为0，否则为1。例如，100111 ∨ 110101=110111。

3）逻辑非运算。逻辑非运算又称“求反”运算，在变量上加横线（¯），或在变量前加¬或NOT等运算符号来表示。逻辑非的运算规则是：¬ 0=1，¬ 1=0。即0变为1，1变为0。例如，¬ 1001110101=0110001010。

2. 非数值数据

对于字符、图形、声音、视频等非数值数据，编码方法主要有 ASCII 编码、扩展的 ASCII 编码、Unicode 符号集、ANSI 字符集、汉字编码、Base64 编码和 ASN.1 编码等。

（1）ASCII 编码。目前使用最广泛的西文字符集及其编码是 ASCII 字符集和 ASCII 码。ASCII（American Standard Code for Information Interchange，美国信息交换标准码）被国际标准化组织 ISO 批准为国际标准。标准 ASCII 码又称基础 ASCII 码，它使用 7 位二进制数对字符进行编码，共有 128 个字符，其中 96 个为可打印字符，另外 32 个为控制字符。虽然标准 ASCII 码是 7 位编码，但计算机数据处理的基本单位为字节，所以一般仍以一个字节来存放一个 ASCII 字符。每个字节的最高位通常保持为 0（在数据传输时可用作奇偶校验位）。

（2）扩展的 ASCII 编码。码值在 128~255 的 ASCII 码被称为扩展 ASCII 码，许多基于 X86 架构的系统都支持使用扩展 ASCII 码。扩展的 ASCII 编码允许将每个字符的第 8 位用于确定附加的 128 个特殊符号字符、外来语字母和图形符号。

（3）Unicode 符号集。UTF-8（8-bit Unicode Transformation Format，8 位 Unicode 转换格式）是在互联网上使用较广泛的 Unicode 字符实现方式之一，它用 1~4 个字符表示一个符号，根据不同的符号变化字节长度。其他 Unicode 字符实现方式还有 UTF-16 和 UTF-32，不过在互联网上较少使用。

（4）ANSI 字符集。不同的国家和地区制定了不同的标准。使用 2 个字节来代表 1 个字符的各种延伸编码方式，被称为 ANSI（American National Standards Institute，美国国家标准学会）编码。

（5）汉字编码。汉字编码是专为汉字设计的一种便于输入计算机的代码。根据应用目的不同，汉字编码分为外码（输入码）、交换码（国标码）、机内码、字形码和地址码。

（6）Base64 编码。Base64 编码是网络上常见的用于传输 8 bit 字节码的编码方式之一，它是一种基于 64 个可打印字符来表示二进制数据的方法。Base64 是一个包括小写字母 a~z、大写字母 A~Z、数字 0~9、符号“+”和“/”共 64 个字符在内的字符集，任何符号都可以转换成该字符集中的字符，这个转换过程称为 Base64 编码。Base64 编码的意义是将所有字符的表达集中在一些常见的可见字符集上。

（7）ASN.1 编码。ASN.1（abstract syntax notation one，抽象语法记法一）是一种描述数据结构的 ISO/ITU-T（International Telecommunication Union-Telecommunication

Standardization，国际电信联盟的电信标准部）标准。ASN.1 描述了数据结构的抽象语法，描述了一种对数据进行表示、编码、传输和解码的数据格式。ASN.1 提供了一整套正规格式用于描述对象的结构，其编码规则定义了如何将 ASN.1 描述的数据结构编码成二进制形式，以便在不同计算机和系统之间进行通信。

三、日志系统

1. 概述

（1）日志概念。日志（log）是记录某段时间内所发生事件或活动全貌的日志消息的集合。

数据是日志消息的实质。例如，Web 服务器一般会在有人访问 Web 页面请求资源（图片、文件等）时记录日志，如果用户访问的页面需要通过认证，日志消息将会包含用户名这项数据，通过日志消息中的用户名可以判断谁访问过该资源。

（2）日志类型。日志可以分为以下 5 种常用类型。

1）信息类。这种类型的日志用来告诉用户和管理员，一些没有风险的事情发生了。

2）调试类。软件系统在运行应用程序代码时会生成调试日志，给软件开发人员提供故障检测和定位问题的帮助信息。

3）警告类。警告日志是在操作系统需要或者丢失数据，但不影响操作系统运行的情况下生成的。例如，一个程序没有获得正确数量的命令行参数，但也能在没有这些参数的情况下运行，这种情况下程序记录的日志只是警告用户或者操作人员。

4）错误类。错误日志用来传达在计算机系统中出现的各种级别的错误。例如，当操作系统无法同步缓冲区到磁盘的时候会生成错误日志。

5）警报类。警报日志的出现表明发生了一些事情，这些事情属于设备安全和系统安全相关领域的。例如，当入侵防御系统（intrusion prevention system，IPS）检测到一个恶意链接时，可能会采取预先设定的行动，并进行相应的记录。

（3）日志生成。日志是有许多来源的，如来源于 Unix 和 Windows 操作系统、路由器、交换机、防火墙、无线接入点、虚拟专用网络（virtual private network，VPN）服务器、防病毒系统、打印机等。几乎所有的计算机设备、系统和网络中的应用程序都能够生成日志，但需要进行配置，以便真正地记录日志。下面介绍在大部分设备和系统上开启日志记录的步骤及要点。

1）启用设备的日志记录。

2）进行配置以发送日志消息。对于只能开启或者关闭日志记录功能的系统，这一步可以省略。对于允许精确调整所记录日志的系统，配置时尽量不影响系统资源。

3）将日志发送给日志主机，以便进一步收集和分析日志。

（4）日志记录。日志记录是指将事件记录、收集到日志中的行为。根据来源范围，日志记录可以分为安全日志记录、运营日志记录、依从性日志记录和应用程序调试日志记录四种类型。

安全日志记录着眼于攻击、恶意软件感染、数据窃取及其他安全问题的检测和响应。典型例子就是用户身份认证（登录）的记录，以及分析某人是否具有访问某个资源的合适授权的访问决策。

运营日志记录能为系统操作人员提供有用的信息，如通知他们系统故障和潜在的可操作条件。这类日志来源极为广泛。

依从性日志记录通常和安全日志记录有大量重叠，因为规则通常是为了改进系统和数据的安全性而制定的。

应用程序调试日志记录是一类特殊的日志记录，它服务于应用程序或系统开发人员而非系统操作人员，通常在系统中被禁用，必要时可启用。应用程序调试日志中的消息可供完全了解应用程序或者掌握应用程序源代码的开发人员进行分析。

2. 日志内容解析

（1）日志格式。常用日志格式的记录机制见表 2–2。

表 2–2 常用日志格式的记录机制

项目	XML 日志记录	Syslog 文本日志记录	文本文件日志记录	专有日志记录
消费模式	大部分由机器阅读	大部分由人工阅读	只适合人工阅读	只能由机器阅读
常见用例	安全日志记录	运营日志和调试日志记录	调试日志记录（临时启用）	高性能日志记录
示例	Cisco IPS 安全设施	大部分路由器和交换机	大部分应用程序的调试过程	Check Point 防火墙日志记录，数据包捕获

续表

项目	XML 日志记录	Syslog 文本日志记录	文本文件日志记录	专有日志记录
建议	在大量结构信息需要从生产系统转移到消费者手中进行分析时使用	添加 name-value 之类的结构，简化自动分析过程；大部分用于运营用途	如果日志记录在运营中保持启用，添加结构以启用自动分析	仅用于实现超高性能
缺点	性能相对较低，日志消息的内容长度较长	缺少消息结构，自动分析复杂而昂贵	通常只有开发人员可以理解	人工难以阅读，需要利用专业工具转换成文本

除了上述常用日志格式的记录机制，少数网络设备还会将日志记录为 CSV（comma separeted values，逗号分隔值）或 ELF（extended file format，扩展日志文件）格式。当然，这类情况相对较少出现。

（2）日志语法。每条日志都有其表征结构，日志消息由各种类型的信息模式组成。基于规则，可以定义一组通用的日志字段。例如，常见的一组字段如下。

1）日期 / 时间。

2）日志条目的类型。

3）产生该条目的系统。

4）产生该条目的应用程序或组件。

5）成功与失败的指示。

6）日志消息的严重性、优先级或重要性。

7）与该日志相关的任何用户活动，也可记录用户名。

（3）日志内容。日志包含与用户活动相关的消息内容，如状态改变、启动和停止等消息，以记录某些系统出现故障或者提示将要出现故障，甚至标识一次成功的入侵。下面简要介绍一些常见的日志内容。

1）变更管理。即记录系统变更、组件变更、更新、账户变更，以及受到变更管理过程控制的任何其他信息。这类日志内容有添加、删除、更新，以及修改记录等。这类日志可能跨越安全日志和运营日志之间的分界线。

2）身份认证和授权。即记录身份认证和授权决策（如对某个设备成功或失败的登录），尤其是特权用户登录。这是最常见的安全日志内容，每个应用程序和网络设备都能生成这类内容的日志。

3）数据和系统访问。对应用程序组件和数据（如文件或数据库表）访问的记录在安全运营方面也有用处。在某些情况下，这类日志不是总在启用状态，而是只在敏感环境中生成。

4）威胁管理。即记录从传统的入侵警报到违反安全策略的其他活动的消息内容。这类日志由具有安全专用功能的网络设备（如防火墙）产生。

5）性能和容量管理。即与系统性能和容量管理相关的一类消息内容，包括各种阈值、内存和计算能力，以及其他资源的利用率。这种大多是很常见的运营日志。

6）业务持续性和可用性管理。大部分系统在关机或开机时会记录相关内容，包括持续性和可用性消息与备份、冗余或者业务连续性功能等运营消息。

7）杂项错误和失败。设计者认为应该吸引用户注意力的其他系统错误被划分到此类。这类日志不包含关键运营消息，不一定需要设备管理员采取某些行动。

8）杂项调试。调试日志一般由个别开发人员按需生成，很难对其进行硬性分类。大部分调试日志在运营生产环境下不启用。

3. 日志采集与传输

（1）日志采集方式。对日志进行采集有两种思路，即“推”与“拉”。推是指客户端（日志源设备或应用程序）主动将日志推送到日志分析系统，拉是指日志分析系统主动去客户端拉取日志。一般主动拉取方式会增加不必要的资源消耗，而推送方式可配置性更高，仅消耗客户端的少量资源，与拉取的方式相比性能更优。下面介绍 6 种常见的日志采集方式。

1）Agent 采集。在客户端部署一个 Agent，进行客户端日志的主动推送。使用 Agent 可直接将日志数据发送到日志分析系统，也可将日志发送给其他日志处理组件。这些组件会对日志进行进一步处理，并将处理后的日志发送给日志分析系统。常见的开源日志采集 Agent 有很多，如 Logstash、Filebeat 等。

2）Syslog 采集。在 Linux 系统中，最常见的日志采集方式是 Syslog 采集，它是系统自带的采集方式。在大多数情况下，Syslog 只用于采集系统日志。常见的 Syslog 日志格式如下：

<30>Dec 9 22:33:20 machinel auditd[1834]:The audit daemon is exiting.

其中，“<30>”是 PRI（primary rate interface，主群速率接口）部分，由尖括号及其所括的一个数字构成；“Dec 9 22:33:20 machinel”是 header（头部）部分，包含时间与主机名；“auditd[1834]”是 tag（标签）部分，由进程名和进程号组成；

“The audit daemon is exiting”是 content（内容）部分。

目前，大多数系统配置的是 Rsyslog 而不是 Syslog。Rsyslog 类似于 Syslog 的升级版，两者差别不大。也有很多用户开始使用 Syslog–ng。Syslog–ng 是开源的，其功能比 Rsyslog 更加强大，发送速率也提高了很多。不过，Syslog–ng 与 Rsyslog 在配置上相差较大，不能将其与 Syslog、Rsyslog 混为一谈。

3）抓包。通过抓包来采集日志的做法并不常见，因为抓包之后需要解析，此过程需要消耗 CPU 的计算资源，况且解析的是日志内容，日志量本身就比较大。这种方式相比于常规的日志采集（如 Agent 采集）方式过程更烦琐，所以较少使用。抓包的优势体现在对网络流量的捕捉上。目前常用的抓包方法是在交换机端口配置镜像流量，将此流量引流到一个专用硬件设备上，以解析流量。

4）接口采集。在需要获取程序内部信息的情况下，往往采用接口采集方式；或者在日志并没有落地存储时，只提供一个接口来进行采集。采用接口采集方式需要针对采集的内容进行定制化开发，因为各程序内部运行机制不同，采集方案也有所差异。

5）埋点采集。埋点是在应用特定的流程中注入代码，以便收集该流程的相关信息。埋点一般用于跟踪应用的使用情况，以便持续优化产品或为运营提供数据支持。埋点收集的信息主要包括用户访问情况和用户操作行为。目前，主流的埋点方法有两种，一是自行进行代码注入，二是使用第三方工具。

6）Docker 采集。Docker（应用容器引擎）的实现原理是“多进程 + 进程隔离”，Docker Daemon 父进程会启动一个容器子进程，父进程收集此子进程所产生的所有日志，但子进程所产生的日志是收集不到的。如果容器内只有一个子进程，那么可以通过 Docker log driver 收集子进程的日志。

（2）日志传输方式。日志传输是指将日志消息从某个地方转移到其他地方的方式。日志传输协议有许多种，如 Syslog、WS–Management 和专用产品特定的日志传输协议。日志传输最重要的要求是保证每个日志及整个事件流的完整性，较重要的要求是保存每个日志条目的正确时间戳。常用的日志传输机制有 Syslog UDP（user datagram protocol，用户数据报协议）、Syslog TCP（transmission control protocol，传输控制协议）、加密 Syslog、SOAP（simple object access protocol，简单对象访问协议）、Over HTTP（hypertext transfer protocol，超文本传送协议）、SNMP（simple network management protocol，简单网络管理协议），以及传统文件传输方式 FTPS（file transfer protocol secure，安全文件传输协议）或 SCP（secure copy protocol，安全复制协议）等。

4. 日志存储

（1）日志留存策略。日志留存策略涉及日志数据的存储类型、大小、成本、检索速度，以及存档和销毁要求。日志留存策略的创建需要组织的安全部门、业务管理部门等利益相关方共同参与，以创建合乎逻辑、实用且范围合适的日志留存策略。创建无须过高的成本，但应能满足组织需要。创建日志留存策略时，应该认真审视以下内容：1）评估依从性需求；2）评估组织的风险态势；3）评估内外部风险驱动网络不同部分的留存周期；4）关注日志来源和日志大小；5）评估可用的存储选项。

（2）日志存储格式。网络设备、应用程序及操作系统会产生多种不同存储格式的日志。通常情况下，日志以普通文本、二进制文本、压缩文本和加密文本的格式存储。

1）普通文本。目前，大多数系统采用普通文本记录日志。这种存储格式的日志在写入时方便、快捷，在查询时可读性较强，且能被很多日志类框架支持。

2）二进制文本。采用二进制文本存储的日志是机器可读的，但对人类而言并不易读。通常情况下，要想读取这种存储格式的日志，需要使用专门的工具和应用程序。

3）压缩文本。当日志文件积累到一定程度时，存储日志文件需要占用较大的磁盘空间。不常被访问、与当前信息关联较弱但又需要保存的日志可通过压缩方式进行存储，以节省磁盘空间。常用的压缩工具有 logrotate 命令，常用的压缩算法有 gzip 算法、bz2 算法等。

4）加密文本。日志信息包含调试信息、错误信息等，有时还包含一些敏感信息。日志文件经常被存储在云服务器上，这时日志信息的不安全问题更加突出。因此，对日志进行加密处理是必要的。例如，Java 程序一般采用 AES（advanced encryption standard，高级加密标准）算法。

（3）日志存储方式。日志存储方式主要分为数据库存储、分布式存储、文件检索系统存储、云存储等。日志的存储方式、存储格式很重要，但对硬件的要求也很重要。物理存储直接影响检索和访问速度。日志物理存储一般分为在线存储、近线存储、离线存储，具体见表 2–3。在实际应用中，应根据场景、需求、预算等具体情况选择合适的存储介质，以达到最高的性价比。

表 2-3　日志物理存储

类型	在线存储	近线存储	离线存储
简介	存储设备时刻待命，以便用户随时访问，对访问速度要求较高	介于在线存储和离线存储之间，数据访问频率不是很高，因而对访问速度要求并不高，但要求容量较大	通常需要人工介入查询和访问。它是在线存储的备份，能防止数据丢失。其访问速度慢、频率低
举例	计算机磁盘	移动硬盘	备份光盘或磁带
成本	较高	适中，大约是在线存储的一半	较低
优点	访问速度较快，性能较好	性能较好，传输速率较高，容量较大	成本较低，容量较大
适用对象	系统当前需要使用的数据、访问频繁的数据	近期备份的数据、访问不太频繁的数据	历史数据、很少访问的数据

培训课程 2 网络与通信基础知识

一、计算机通信网络及其体系结构

1. 计算机通信网络

（1）概述

1）计算机通信网络的定义。计算机通信网络是指利用通信设备和传输介质（通信线路），将处于不同地理位置并具有独立功能的多个信息系统连接起来，在网络协议控制下实现系统的连通和信息共享。

2）计算机通信网络的构成要素

①通信设备：服务器、交换机、路由器等。

②传输介质：光纤、双绞线等。

③计算机互连：主机互连、协议互连、应用互连等。

④网络协议：TCP/IP（internet protocol，互联网协议）协议簇等。

3）实体、协议和服务

①实体：表示任何可发送或接收信息的硬件或软件进程。

②协议：控制两个对等实体进行通信的规则的集合。

③服务：在协议的控制下，两个对等实体之间的通信使本层能够向上一层提供服务。要实现本层协议，还需要使用下一层所提供的服务。

（2）网络类别

1）按照网络的作用距离进行分类

①广域网 WAN（wide area network）：作用距离为几十到几千千米。

②城域网 MAN（metropolitan area network）：作用距离为 5~50 km。

③局域网 LAN（local area network）：局限在较小的范围内，作用距离小于 10 km。

④个人域网 PAN（personal area network）：局限在很小的范围内，作用距离为

10 m 以内。

2）按照网络的使用者进行分类。公用网是指按规定交纳费用的人都可以使用的网络，又称公众网；专用网是指为满足特殊业务工作需要而建造的网络。

小知识

用来把用户接入互联网的网络称为接入网（access network，AN）。接入网又称本地接入网或居民接入网。接入网是一类比较特殊的计算机网络，它用于将用户接入互联网。从覆盖范围来看，很多接入网仍然属于局域网。从作用来看，接入网只起到让用户能够与互联网连接的“桥梁”作用。

（3）常用的传输介质

1）双绞线。双绞线是由两根包覆有绝缘材料（如塑料）的线相互绞在一起而制成的。双绞线分为两种：屏蔽双绞线（shielded twisted pair，STP）和非屏蔽双绞线（unshielded twisted pair，UTP）。屏蔽双绞线主要是在双绞线外面包裹一层屏蔽金属物质，且多了一条接地用的金属铜丝线，因此它具有抗干扰的效果，但其价格较贵、用户较少。非屏蔽双绞线价格低廉，但容易受到干扰。在局域网中，常用的是非屏蔽双绞线。

2）同轴电缆。同轴电缆是计算机网络中应用较为广泛的一种传输介质。与非屏蔽双绞线相比，同轴电缆具有更好的抗干扰作用。它是一根被金属屏蔽层包围的导线。同轴电缆的屏蔽层是一根可以弯曲的金属空心柱，它包裹着内层导线，因而形成能防止电磁辐射的屏障。该屏障以两种方式隔离内层导线：一是防止外来电磁能量引起干扰，二是阻止内层导线中的信号辐射能量干扰其他导线。

3）光纤（光缆）。光纤是一种由高纯度玻璃或塑料制成的柔性光导纤维，主要用于传输光信号。光纤是一种先进的通信传输介质，相比于传统的铜线，它具有更大的带宽和更低的信号衰减。光纤通过将光信号在内部进行全反射来传输数据，使光信号可以在长距离内以极快的速度传输，同时保证光信号的稳定性和可靠性。光纤的核心结构是一个非常细小且柔软的光导芯，它被包裹在一个折射率较低的外部材料中，被称为包层。这种结构使光信号能够在光纤内部高效地传播，并且几乎不会受到外界电磁干扰的影响。光纤的两端通过连接器或焊接等方式与设备相连，从而实现光信号的输入和输出。在通信领域，光纤广泛应用于长距离的传输网络和高速互联网。

（4）性能指标。计算机网络的性能指标主要包括速率、带宽、吞吐量、时延、时延带宽积、往返时间、利用率等。

1）速率。速率是计算机网络最重要的一个性能指标，是指数据的传送速率，它又称数据率（data rate）或比特率（bit rate）。速率的单位可以是 bit/s、kbit/s、Mbit/s、Gbit/s 等。注意，速率往往是指额定速率或标称速率，非实际运行速率。

2）带宽。带宽用来表示网络中某信道传送数据的能力。其含义是单位时间内网络中某信道所能通过的最高数据率，其单位是 bit/s（也记作 bps），即比特每秒。

3）吞吐量。吞吐量表示在单位时间内通过某个网络（或信道、接口）的实际数据量。在对现实世界中的网络进行测量时，常用吞吐量评价通过网络的数据量。吞吐量受网络带宽或网络额定速率的限制。

4）时延。时延是指数据（一个报文或分组，甚至一个比特信息）从网络（或链路）的一端传送到另一端所需的时间。时延又称延迟或迟延。

5）时延带宽积。链路的时延带宽积又称以比特为单位的链路长度。时延带宽积等于传播时延与带宽的乘积。

6）往返时间。互联网中的信息不是单方向传输的，而是双向交互的，因此，有时需要知道双向交互一次所需的时间。往返时间（round trip time，RTT）表示从发送方发送数据开始，到发送方收到来自接收方的确认，总共经历的时间。

7）利用率。利用率分为信道利用率和网络利用率。信道利用率是指某信道有百分之几的时间是被利用的（有数据通过）；网络利用率是指全网络信道利用率的加权平均值。信道利用率并非越高越好，因为随着利用率的增大，该信道引起的时延也迅速增加。

2. 计算机通信网络的体系结构

（1）开放系统互连参考模型 OSI–RM。为了使不同体系结构的计算机网络都能互连，国际标准化组织于 1977 年成立了专门机构研究该问题，提出了著名的开放系统互连参考模型 OSI–RM（open system interconnection reference model），OSI–RM 简称 OSI 模型。遵循 OSI 标准可以使一个系统和位于世界上任何地方、遵循同一标准的其他任何系统进行通信。但是截至目前，OSI 只获得了一些理论研究成果，在市场化方面却失败了。

（2）TCP/IP 模型

1）概念。参照 OSI 模型，技术人员开发了 TCP/IP 模型。TCP/IP 模型包含一系列构成互联网基础的网络协议，它们是互联网的核心协议。基于 TCP/IP 模型，协议被分成四个层次，分别是网络接口层、网络层、传输层和应用层。OSI 模型与 TCP/IP 模型各层的对照关系如图 2-6 所示。

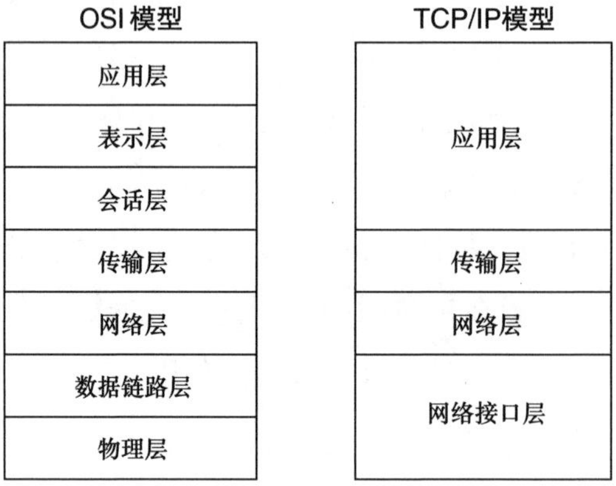

OSI 模型	TCP/IP模型
应用层	应用层
表示层	
会话层	
传输层	传输层
网络层	网络层
数据链路层	网络接口层
物理层	

图 2-6　OSI 模型与 TCP/IP 模型各层的对照关系

TCP/IP 协议是互联网最基本的协议。其中，应用层的主要协议有 Telnet、FTP（file transfer protocol，文件传输协议）、SMTP（simple mail transfer protocol，简单邮件传送协议）等，用来接收来自传输层的数据或者按不同应用要求与方式将数据传输至传输层；传输层的主要协议有 UDP、TCP，可以实现数据传输与数据共享；网络层的主要协议有 ICMP（internet control message protocol，互联网控制报文协议）、IP、IGMP（internet group management protocol，互联网组管理协议）等，主要负责网络中数据包的传送等；网络接口层又称网络访问层或数据链路层，其主要协议有 ARP（address resolution protocol，地址解析协议）、RARP（reverse address resolution protocol，反向地址解析协议）等，主要对链路管理错误进行检测、对不同通信媒介有关信息的细节问题进行处理等。

2）特点。TCP/IP 协议能够迅速发展起来并成为事实上的标准，是因为它恰好适应了世界范围内数据通信的需要。它具有以下 4 个特点。

①协议标准是完全开放的，可供用户免费使用，并且独立于特定的计算机硬件与软件系统。

②独立于网络硬件系统，可以运行在广域网，更适合互联网。

③网络地址统一分配，网络中的每个设备和终端都具有一个唯一的地址。

④高层协议标准化，可以提供多种可靠的网络服务。

（3）五层协议体系结构。虽然 OSI 模型的七层协议体系结构概念清楚、理论完整，但复杂且不实用。虽然 TCP/IP 模型具有四层协议体系结构，但网络接口层并没有具体内容。因此，往往综合 OSI 模型和 TCP/IP 模型的优点，采用五层协议体系结构，如图 2–7 所示。这种结构又称“教科书式模型”。

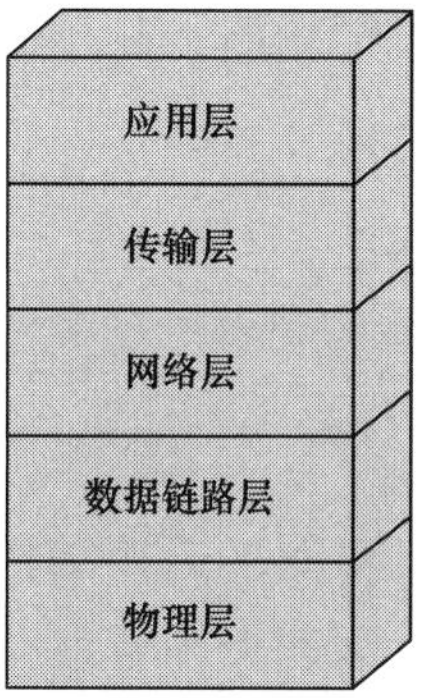

图 2–7　五层协议体系结构

1）物理层。物理层是 OSI 模型中最低的一层，它定义了通信网络之间物理链路的电器特性或机械特性。物理层主要利用传输介质为数据链路层提供物理连接，负责数据流的物理传输工作。传输的基本单位是比特流，即 0 和 1。

2）数据链路层。数据链路层是 OSI 模型中的第二层，它在物理层所提供服务的基础上向网络层提供服务，其最基本的服务是将源自物理层的数据可靠地传输到相邻节点的目标机网络层。数据链路层定义了在单个链路上如何传输数据。数据链路层主要有两个功能：帧编码和误差纠正控制。数据链路层协议被分为两个子层：LLC（logical link control，逻辑链路控制）协议和 MAC（medium access control，介质访问控制）协议。

3）网络层。网络层是 OSI 模型中的第三层，它在数据链路层提供的两个相邻端点之间的数据帧的传送功能上，进一步管理网络中的数据通信，将数据设法从源端经过若干个中间节点传送到目的端，从而向传输层提供最基本的端到端的数据传送服务。网络层具有以下功能：分组与分组交换，即把从传输层接收的数据报文先封装成分组（packet，包），再向下传送到数据链路层。以下相关内容读者可自行了解，本书不做介绍：虚电路分组交换和数据报分组交换、路由选择算法、阻塞控制方法、X.25 协议、ISDN（integrated services digital network，综合业务数字网）、ATM（asynchronous transfer mode，异步传输模式）及网际互联原理与实现。

4）传输层。传输层协议为网络端点主机上的进程提供了可靠、有效的报文传送服务。其功能紧密地依赖于网络层的虚拟电路或数据报服务。传输层定义了主机应用程序之间端到端的连通性，较常见的两个协议是 TCP 和 UDP。传输层提供逻辑连接建立、传输层寻址、数据传输、传输连接释放、流量控制、拥塞控制、多路复用和解复用、崩溃恢复等服务。

5）应用层。应用层的许多协议都是基于客户服务器这种通信方式的，即客户是服务请求方，服务器是服务提供方。应用层协议定义了运行在不同端系统上的应用程序进程如何传递报文。例如，域名系统（domain name system，DNS）用于实现网络设备名字到 IP 地址映射的网络服务，文件传输协议用于实现交互式文件传输功能，简单邮件传送协议用于实现电子邮件传送功能，超文本传送协议用于实现 WWW（world wide web，万维网）服务。

二、常见网络拓扑结构及通信方式

1. 常见网络拓扑结构

网络拓扑结构是指用传输介质互连各种设备的物理布局。网络中的计算机等设备要实现互联，就需要以一定的结构方式进行连接，这种连接方式被称为拓扑结构。通俗地讲，拓扑结构表明这些网络设备是如何连接在一起的。常见的网络拓扑结构有总线结构、环形结构、星形结构、树形结构和网状结构等。下面主要介绍前三种结构。

（1）总线结构。总线结构采用一条单根的通信线路（总线）作为公共的传输通道，所有结点都通过相应的接口直接连接到总线上，并通过总线进行数据传输。如图 2–8 所示，在一根总线上连接了组成网络的计算机或其他共享设备。总线结构使用广播式传输技术，由于单根电缆仅支持一种信道，因此连接在电缆上的计算机和其他共享设备共享电缆的所有容量，任何时候只允许一个站点发送数据，各站点在接收数据后先分析目的物理地址，再决定是否接收该数据。连接在总线上的设备越多，网络发送和接收数据就越慢。

（2）环形结构。在环形结构（见图 2–9）中，各个工作站的地位相同，它们相互顺序连接，构成一个封闭的环，数据在环中可以单向或双向传输。环形结构简单，传输延时确定，但是环中每一个站点与链接站点之间的通信线路都可能成为网络可靠性的瓶颈，环中任意一个站点出现通信故障，都会造成网络瘫痪。环形结构有两种类型，即单环结构和双环结构。令牌环是单环结构的典型代表，FDDI（fiber distributed data interface，光纤分布式数据接口）是双环结构的典型代表。

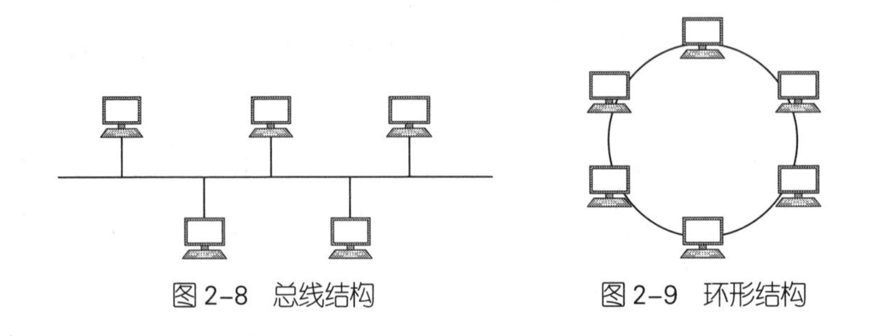

图 2–8　总线结构　　图 2–9　环形结构

（3）星形结构。星形结构的每个结点都由一条点对点链路与中心结点（中央设备，如集线器等）相连，如图 2–10 所示。星形网络中的一个结点如果向另一个结点发送数据，则首先将数据发送到中央设备，然后由中央设备将数据转发到目标结点。对于星形结构来说，信息的传输是通过中心结点的存储转发技术实现的，并且只能通过中心结点与其他结点进行通信。星形网络是局域网中最常用的拓扑结构。

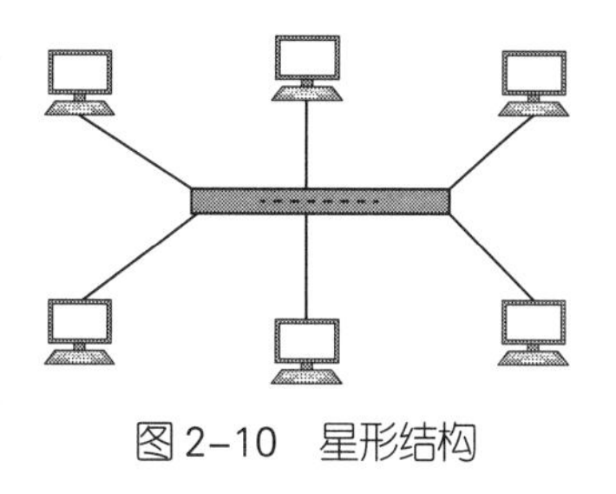
图 2–10　星形结构

2. 通信方式

连接在互联网上的所有主机被称为端系统。端系统之间的通信方式通常被划分为两大类：客户服务器方式即 client/server 方式，简称 C/S 方式；对等方式即 peer to peer 方式，简称 P2P 方式。

（1）客户服务器方式。客户和服务器是通信所涉及的两个应用进程，客户服务器方式描述了进程之间服务和被服务的关系。在客户与服务器的通信关系建立后，通信可以是双向的，客户和服务器都可以发送和接收数据。

1）客户软件的特点。首先，客户软件在被用户调用后运行，在打算通信时主动向远地服务器发起通信（请求服务），因此，用户程序必须知道服务器程序的地址。其次，客户软件不需要配置特殊的硬件和复杂的操作系统。

2）服务器软件的特点。服务器软件是一种专门用来提供服务的程序，可同时处理多个远地或本地客户的请求。系统启动后服务器软件就被自动调用且一直不间断地运行，它被动地等待并接受来自客户的通信请求，但无须知道客户程序的地址，一般需要强大硬件和高级操作系统的支持。

（2）对等方式。对等方式是指两个主机在通信时，并不区分服务请求方或服务提供方。只要两个主机都运行了对等连接软件（P2P 软件），它们就可以进行平等的对等连接通信，双方都可以下载对方已经存储在硬盘中的共享文档。

培训课程 3 电子技术基础知识

一、模拟电子技术

1. 放大电路

（1）基本放大电路。放大电路的功能是利用晶体管的控制作用，把输入的微弱电信号不失真地放大，实现将直流电源的能量部分转化为按输入信号规律变化且具有较大能量的输出信号，其实质是用较小能量控制较大能量的转换的一种能量转换装置。以晶体管为核心元件，利用其以小控大的功能，加上其他元器件，可以组成各种形式的放大电路。基本放大电路是指由一个三极管和一个场效应管组成的放大电路，它共有三种组态：共发射极放大电路、共集电极放大电路和共基极放大电路。

（2）集成运算放大电路。集成运算放大电路是一种直接耦合的多级放大电路，它利用半导体的集成工艺，实现了电路、系统和元件的结合。集成运算放大器型号各异，普遍应用的是通用型集成运算放大器（简称通用型集成运放）。通用型集成运放有四个基本组成部分，即输入级、中间级、输出级和偏置电路。

（3）功率放大电路。功率放大电路是一种以输出较大功率为目的的放大电路，它一般直接驱动负载，如驱动仪表使指针偏转、驱动扬声器使其发声、驱动自动控制系统的执行模块等，因而应具有较强的带载能力。功率放大电路通常作为多级放大电路的输出级。为了获得较大的输出功率，功率放大电路必须能使输出信号电压变大、输出信号电流变大、输出电阻与负载匹配等。

2. 直流电源

（1）基本概念。直流电源是指将频率为 50 Hz、有效值为 220 V 的交流电转换为电压幅值为几伏到几十伏、输出电流为几安的直流电的单相小功率直流稳压电源。电子电路工作时需要直流电源提供能量，电池因其成本较高一般只用在低功耗便携式仪器设备中，大部分电子仪器设备、计算机都需要使用能把交流电转换为直流电的直流稳压电源。

（2）电源组成。直流电源主要由四部分组成：电源变压器、整流电路、滤波电路和稳压电路。

1）电源变压器。电源变压器是一种软磁电磁元件，其作用是传输功率、变换电压和绝缘隔离，在电源技术和电力电子技术的应用领域广泛使用。

2）整流电路。整流电路是指把交流电能转换为直流电能的电路。大多数整流电路由变压器、整流主电路、滤波器等组成。滤波器接在主电路与负载之间，用于滤除脉动直流电压中的交流成分。变压器的作用是实现交流输入电压与直流输出电压的匹配以及交流电网与整流电路之间的电隔离。通常视情况对其进行设置。

3）滤波电路。滤波是信号处理的一个重要概念，分为经典滤波和现代滤波。滤波电路常用于滤去整流输出电压中的纹波，一般由电抗元件等组成。滤波电路的主要作用是让某频率的电流通过或阻止某频率的电流通过，尽可能减少脉动直流电压中的交流成分，保留其直流成分，使输出电压纹波系数降低、波形变平滑。根据所采用的元器件，滤波电路可分为无源滤波和有源滤波两类。

4）稳压电路。经整流、滤波后的电压是不稳定的电压，当电网电压或负载变化时，该电压会发生变化，且纹波电压较大。因此，电压经过整流电路、滤波电路后，还必须经过稳压电路，这样输出电压才能在一定范围内稳定不变。稳压电路是指在输入电压、负载、环境温度、电路参数等发生变化时仍能保持输出电压恒定的电路。它能够提供稳定的直流电源，主要分为三种类型：稳压管稳压电路、串联型稳压电路、开关型稳压电路。

3. 交流电源

（1）UPS 概念。根据国家标准《不间断电源设备（UPS） 第 3 部分：确定性能和试验要求的方法》（GB/T 7260.3—2024），不间断电源系统（uninterruptible power system，UPS）是指由变流器、开关和储能装置（诸如电池）组合而成，在发生交流输入电源故障时维持负载电力连续的电源设备。UPS 输出的是交流电，主要用于给部分对电源稳定性要求较高的设备提供不间断的电源。

（2）UPS 功能。设置 UPS 是为了提高和保证专门使用交流电源的通信设备的供电可靠性，在发生市电故障（断供或异常）时，确保通信设备仍有交流电可用，使通信设备不受市电故障影响而正常工作。在通信系统中，采用交流供电的有通信计费系统服务器及终端、网管监控服务器及终端、数据通信机房服务器及终端、卫星通信地球站的通信设备、互联网数据中心设备等。UPS 的四大功能如下：一是交流稳压功能，即不需要增加交流稳压器；二是瞬间电网断网保护功能，线式 UPS 不存在逆变转换时间；三是后备直流供电功能，即保证用电设备在断电期间的电源供给，维持其正常工作；四是净化功能，即具有一定的滤波功能，能够滤除一些电网干扰信号，起到净化电源的作用。

（3）UPS 组成。UPS 的输入和输出均为交流电，它主要由整流器、蓄电池组、逆变器、输出转换开关等组成。UPS 基本组成方框图如图 2–11 所示。整流器将输入交流电转换成直流电。逆变器将直流电转换成 50 Hz 交流电（正弦波或方波）供给负载。输出转换开关进行由逆变器向负载供电或由市电向负载供电的自动转换，按其结构分为有触点开关（如继电器或接触器）和无触点开关（一般采用晶闸管，即可控硅）两类。其中，无触点开关没有机械动作，因此被称为静态开关。

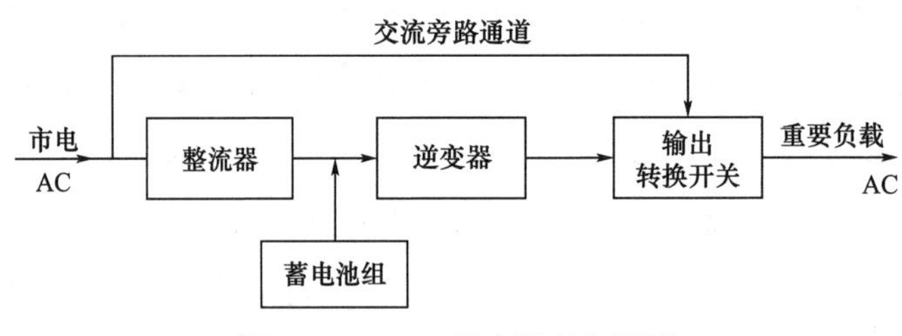

图 2–11　UPS 基本组成方框图

（4）UPS 分类。UPS 分为三种基本类型，冷备用 UPS（后备式 UPS）、双变换 UPS 和互动式 UPS。根据工作模式的不同，我国通信行业标准《通信用交流不间断电源（UPS）》（YD/T 1095—2018）规定，UPS 工作模式分为正常工作模式（包括在线式 UPS、互动式 UPS 和后备式 UPS）、电池逆变工作模式、旁路工作模式和 ECO 节能模式，具体见表 2–4。

表 2–4　UPS 工作模式

名称	含义
正常工作模式	在线式 UPS：输入交流电压、频率在允许范围内，交流输入通过整流器、逆变器向负载正常供电，同时对电池充电的工作模式
	互动式 UPS：输入交流电压、频率在允许范围内，交流输入通过旁路向负载正常供电，变换器对电池充电的工作模式
	后备式 UPS：输入交流电压、频率在允许范围内，交流输入通过旁路向负载正常供电，充电器对电池充电的工作模式，在该模式下逆变器不工作

续表

名称	含义
电池逆变工作模式	输入交流电压或频率异常时，电池通过逆变器或变换器向负载供电的工作模式
旁路工作模式	交流输入通过旁路向负载供电的工作模式
ECO 节能模式	在交流输入正常时，UPS 通过静态旁路向负载供电；在交流输入异常时，UPS 切换至逆变器供电的工作模式

二、数字电子技术

1. 逻辑电路概念

逻辑电路又称数字电路，是一种对离散信号进行传递和处理，以二进制为原理，实现数字信号逻辑运算和操作的电路。逻辑电路一般有若干个输入端和一个或几个输出端，当输入信号之间满足某一特定逻辑关系时，电路开通、有输出；否则，电路关闭、无输出。所以，这种电路又称逻辑门电路，简称门电路。

在数字电路中，所谓“门”是指只能实现基本逻辑关系的电路。最基本的逻辑关系是与、或、非，最基本的逻辑门是与门、或门、非门。逻辑门可以由电阻器、电容器、晶体管等分立元件构成，又称分立元件门。可以将门电路的所有元器件及连接导线制作在同一块半导体基片上，构成集成逻辑门电路。

与门（AND gate）是数字逻辑中实现逻辑与的逻辑门。仅当输入均为高电平（逻辑 1）时，输出才为高电平（逻辑 1）；若输入中至多有一个高电平（逻辑 1），则输出为低电平（逻辑 0）。

或门（OR gate）是数字逻辑中实现逻辑或的逻辑门。只要两个输入中至少有一个为高电平（逻辑 1），则输出为高电平（逻辑 1）；若两个输入均为低电平（逻辑 0），则输出才为低电平（逻辑 0）。相对来说，或门的功能是得到两个二进制数的最大值，而与门的功能是得到两个二进制数的最小值。

反相器又称非门（NOT gate），是数字逻辑中实现逻辑非的逻辑门。非门有一个输入端和一个输出端。当输入端为高电平（逻辑 1）时，输出端为低电平（逻辑 0）；当输入端为低电平（逻辑 0）时，输出端为高电平（逻辑 1）。也就是说，输入端和输出端的电平状态总是相反的。反相器通常采用 CMOS（complementary metal oxide semiconductor，互补金属氧化物半导体）逻辑和 TTL（transistor-transistor logic，晶体管晶体管逻辑），也可以通过 NMOS（N-type metal oxide semiconductor，N 型金属氧化物半导体）逻辑、PMOS（positive channel metal oxide semiconductor，P 沟道金属氧化物半导体）逻辑等来实现。

2. 逻辑电路分类

（1）组合逻辑电路。根据逻辑功能的不同，数字电路可分为两大类，一类称为组合逻辑电路，另一类称为时序逻辑电路。组合逻辑电路简称组合电路，它由最基本的逻辑门电路组合而成，是无记忆数字逻辑电路，其在逻辑功能上的特点是任意时刻的输出仅取决于该时刻的输入，与电路原来的状态无关。如图 2-12 所示，左侧的 *A*、*B*、*C* 表示输入变量，右侧的 *X*、*Y* 表示输出变量，电路的输出变量 *X*、*Y* 仅与当时相应的输入变量 *A*、*B*、*C* 有关系，而与之前的输入变量没有关系，这种电路就是组合逻辑电路。

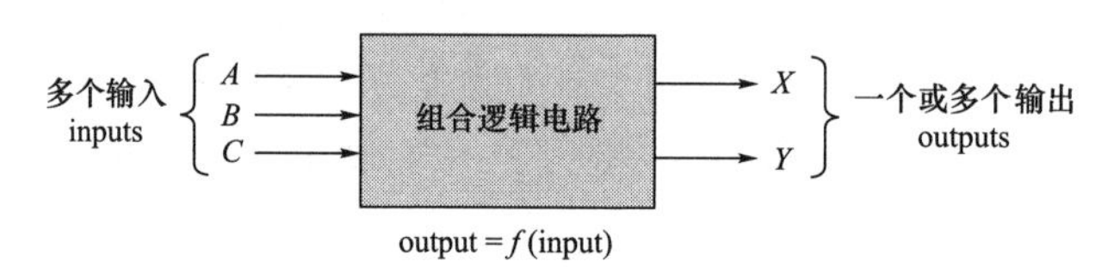

图 2-12　组合逻辑电路结构示意图

组合逻辑电路根据“组合”的基本逻辑，即与非门（NAND gate）、或非门（NOR gate）、异或门（Ex-NOR 或 XNOR gate），组成或连接成更复杂的开关电路。这些逻辑门是组合逻辑电路的构建块。任何组合逻辑电路都可以只用与非门和或非门来实现，因为它们是“通用门”。

（2）时序逻辑电路。时序逻辑电路简称时序电路，是由最基本的逻辑门电路加上反馈逻辑回路（输出到输入）或器件组合而成的电路。与组合逻辑电路最本质的区别在于，时序逻辑电路具有记忆功能。其在逻辑功能上的特点是任意时刻的输出不仅取决于当时的输入信号，还取决于电路原来的状态（或者说，还与以前的输入有关）。时序逻辑电路结构示意图如图 2-13 所示。时序逻辑电路的状态是靠具有存储功能的触发器所组成的存储电路来记忆和表征的。时序逻辑电路抗干扰力强，精度和保密性较好。时序逻辑电路广泛应用于计算机、数字控制、通信、自动化和仪表等方面。常用的时序逻辑电路有寄存器和计数器两种。寄存器分为数据寄存器和移位寄存器。计数器的种类较多，有同步计数器、异步计数器，有二进制计数器、十进制计数器、任意进制计数器。其中，二进制计数器分为加法计数器、减法计数器等。

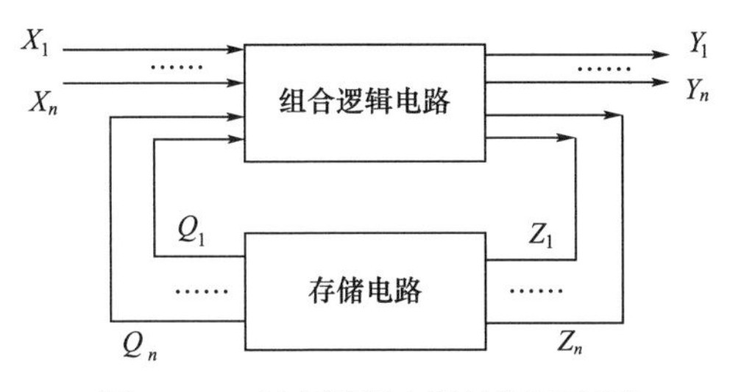

图 2-13　时序逻辑电路结构示意图

（3）半导体电路。半导体存储器是以半导体内路作为存储介质的存储器，它能存储大量二值信息（又称二值数据）或信号。半导体存储器具有集成度高、存储密度大、速度快、功耗低、体积小和使用方便等特点。存储器的操作通常分为两类，一类是把信息存入存储器的操作，另一类是从存储器取出信息的操作。半导体存储器主要对计算机及其他一些数字系统的大量数据或信号进行存储，是这些数字系统不可缺少的组成部分。衡量存储器性能的重要指标包括存储容量、存取速度和存储时间。

半导体存储器的种类有很多，根据制造工艺可分为双极型和 MOS 型两类；根据存取功能可分为只读存储器（read-only memory，ROM）和随机存储器（random access memory，RAM）两类。半导体存储器的分类及优缺点见表 2-5。只读存储器的信息是在制造时或制造后用专门的写入装置写入的，可以长期保存，断电后不会消失，因此，只读存储器又称非易失性存储器，可以分为掩模型只读存储器、可编程只读存储器和可擦可编程只读存储器。随机存储器在正常工作状态下可以随时写入或读取数据，但断电后所存储的数据会消失，属于易失性存储器，可以分为静态随机存储器和动态随机存储器。半导体存储器按照数据输入、输出方式的不同，还可以分为串行存储器和并行存储器两类。

表 2-5　半导体存储器的分类及优缺点

分类原则	类别	类别细分	优点	缺点
存取功能	只读存储器	掩模型只读存储器	在正常工作状态下只能从中读取数据，不能快速地随时修改或重新写入数据；电路结构简单，断电后数据不会丢失	只适用于存储“固定”数据的场合
		可编程只读存储器（PROM）		
		可擦可编程只读存储器（EPROM、E2PROM 等）		

续表

分类原则	类别	类别细分	优点	缺点
存取功能	随机存储器	静态随机存储器（SRAM）	在正常工作状态下可随时向存储器里写入数据或从中读出数据。其中，SRAM的存取速度快，DRAM的集成度高	断电后数据会丢失
		动态随机存储器（DRAM）		
制造工艺	双极型	晶体管晶体管逻辑（TTL）存储器、射极耦合逻辑（ECL）存储器、集成注入逻辑（I2L）存储器等	工作速度较快，适用于高速应用场合	功耗较大
	MOS 型	N型金属－氧化物－半导体（NMOS）存储器、CMOS存储器等	功耗低、集成度高，适用于大容量存储系统	工艺较复杂

三、机柜安装及布线

1. 安装要求

（1）机柜安装要求。国家标准《综合布线系统工程设计规范》（GB 50311—2016）明确要求，综合布线系统宜采用标准 19″ 机柜，安装应符合下列要求：机柜数量规划应计算配线设备、网络设备、电源设备等设施的占用空间，并考虑设备安装空间冗余和散热需要；机柜单排安装时，前面净空不应小于 1 000 mm，后面及机列侧面净空不应小于 800 mm；机柜多排安装时，列间距不应小于 1 200 mm。

标准 19″ 机柜主要包含基础框架、内部支持系统、综合布线系统、通风系统。外观尺寸有宽度、高度、深度 3 个基本指标。其宽度普遍为 600 mm 或 800 mm，高度通常为 1.6 m 或 2 m，深度通常为 500 mm、600 mm 或 800 mm。机柜内可安装光纤连接盘、RJ45（24 口）配线模块、多线对卡接模块、理线架、计算机集线器或交换机等。机柜通常不可满载，根据散热和理线规定，42 U① 机柜适宜安装 10~20 个 1 U 的设备。

在公共场所安装配线箱时，暗装式箱体底部距地面不宜小于 1.5 m，明装式箱体底面距地面不宜小于 1.8 m。机柜、机架、配线箱等设备的安装宜采用螺栓固

① U 是一种表示服务器外部尺寸的单位，1 U=1.75 in=44.45 mm。

定。在抗震设防地区，安装设备时应采取减震措施，并应进行基础抗震加固。

（2）电源安装要求。管理间电源一般安装在网络机柜的旁边，同时安装 220 V（三孔）电源插座。对于新建建筑，一般要求在土建施工过程中，按照弱电施工图上标注的位置安装电源。

（3）网络配线架安装要求

1）在机柜内部安装配线架之前，先要规划设备位置或按照图样要求确定设备位置，即统一对机柜内部跳线架、配线架、理线环、交换机等的位置进行考虑，同时考虑在配线架与交换机之间跳线的便捷性。

2）线缆采用地面出线方式时，一般从机柜底部穿入机柜内部，配线架宜安装在机柜下部；采用桥架出线方式时，一般从机柜顶部穿入机柜内部，配线架宜安装在机柜上部；从机柜侧面穿入机柜内部时，配线架宜安装在机柜中部。

3）配线架应该安装在左、右相对的孔中，水平误差应不大于 2 mm。

2. 安装布局

机柜由上到下主要分为交流配电单元、配线架、有源设备、光缆终端盒。

（1）从安全角度考虑，交流配电单元宜安装在机柜的最上端。

（2）配线架应安装在易于操作的位置，一般放在交流配电单元的下面。

（3）配线架之下为有源设备区，根据设备功能及线缆连接需要安排位置。较大的设备一般安装在机柜下部，并且使用机柜托盘承重。光纤收发器由于体积小、数量多，无法在机柜内固定，因而也安装在托盘上。

（4）最底层放光缆终端盒，也安装在托盘上。

3. 布线要求

（1）线缆布放应自然、平直，不得产生扭绞、接头打圈等现象，不受外力挤压。

（2）线缆两端应贴有标签并标明编号，编号应清晰，标签材质应不易损坏。

（3）在线缆预留方面，对于固定安装的机柜，预留线应预留在可以隐蔽的部位，长度一般在 1~1.5 m；对于可移动的机柜，连入机柜的全部线缆在机柜入口处应至少预留 1 m，同时各种线缆的预留长度差应不超过 0.5 m。

（4）光缆布放宜预留，预留长度一般为 3~5 m，有特殊要求的应按设计方案预留长度。

（5）不同电压等级、不同电源类别的线路应分开布置、分隔铺设。

（6）引入机柜内的线缆应从机柜下方进入，沿机柜后方两侧立杆向上引入配线架，卡入跳线架连接块内的单根线缆色标应和跳线架的色标一致。大多数线缆按标准色谱的组合规定进行排序。

（7）接线端子的标志应齐全。在将配线架及交换机安装好后，用贴标签机贴标签，注明对应房间号以及端口号。

（8）连接对绞电缆与插接件时应认准线号、线路色标，不得错接。

（9）线缆的连接应符合设计要求和施工操作规程。在连接终端线时，必须核对线缆标志的内容是否正确。连接后线缆应留有余量，连接处必须牢固、接触良好。

培训课程 4 操作系统基础知识

一、操作系统概述

操作系统是控制与管理计算机硬件和软件资源、合理组织计算机工作流程、提供人机界面，以方便用户使用计算机程序的集合。操作系统的发展大体上可分为 4 个阶段，即人工操作阶段、简单批处理阶段、多道程序系统阶段、现代操作系统阶段。在操作系统的发展过程中出现了多种操作系统结构，根据其出现时间的先后顺序，可以将其分为整体式结构、模块化结构、层次式结构和微内核（客户 / 服务器）结构。

操作系统类型可以分为批处理操作系统、分时操作系统、实时操作系统、网络操作系统、分布式操作系统、微型计算机操作系统和嵌入式操作系统等。我国最早的操作系统出现在 20 世纪 70 年代末。国产操作系统大体上可分为自主研发与基于 Linux 内核两类。

二、操作系统功能

操作系统的功能有进程管理（处理器管理）、存储管理、设备管理和文件管理等。

1. 进程管理

（1）基本概念。进程是资源分配和独立运行的基本单位。进程管理又称处理机管理，重点是研究进程之间的并发特性，以及进程之间相互合作、竞争资源而产生的问题。通过进程管理，一个或多个用户的程序能合理、有效地使用 CPU，提高 CPU 资源的利用率。

1）程序执行。程序执行分为顺序执行和并发执行两种。程序顺序执行的主要特征是顺序性、封闭性和可再现性。

程序并发执行的主要特征如下：失去了程序的封闭性，程序和机器执行程序的活动不再一一对应，并发程序之间具有相互制约性。

2）进程的组成。进程是程序的一次执行，一个程序可以和其他程序并发执行。进程通常是由程序、数据和进程控制块（processing control block，PCB）组成的。

3）进程的状态

①三态模型：运行、就绪、阻塞。

②五态模型：运行、就绪、阻塞、新建、终止。

（2）调度算法。调度算法是指根据系统的资源分配策略所规定的资源分配算法。常见的进程调度算法有先来先服务算法、时间片轮转算法、多级反馈队列算法、最短进程优先算法、最短剩余时间优先算法、最高响应比优先算法、多级反馈队列算法等。

（3）进程控制。进程控制是指对系统中所有进程从创建到消亡的全过程实施有效的控制。它具有创建新进程、撤销已有进程、实现进程状态转换等功能。进程控制是由操作系统内核中的原语实现的。原语是指在执行过程中不可中断的、实现某种独立功能的、可被其他程序调用的程序。操作系统中的原语可以分为以下两类：机器指令级原语和功能级原语。基本的进程控制原语包括进程创建与撤销、进程阻塞与唤醒、进程调度等。

（4）进程与线程的关系。为了提高系统的执行效率，减少处理机的空转时间（使单个进程可以利用 CPU 数据处理和 I/O 设备操作之间的并行性），减少调度切换时间，引入了线程的概念。线程是进程的一个实体，是被系统独立分配和调度的基本单位。线程只拥有一点儿运行中必不可少的资源（如程序计数器、一组寄存器和栈），资源分配的基本单位还是进程。线程能够减少并发执行的时间和空间开销，提高并发程度。线程具有运行、就绪和阻塞 3 种基本状态。线程主要分为用户级线程和内核支持线程。

2. 存储管理

（1）基本概念。存储管理的功能主要是合理组织与分配存储空间，使存储器资源得到充分利用。存储管理的对象是主存。

常用的存储器结构有“寄存器－主存－外存”结构和“寄存器－缓存－主存－存储组织的功能外存”结构。

地址重定位是指将逻辑地址变换成主存物理地址的过程。地址重定位分为静态地址重定位和动态地址重定位。

（2）分区存储管理。分区存储管理的基本思想是把主存的用户区划分成若干个区域，每个区域分配给一个用户作业使用，并限定用户作业只能在自己的区域中运行，这种主存分配方案就是分区存储管理。分区方式可以分为固定分区、可变分区和可重定位分区。分页原理是将一个进程的地址空间划分为若干个大小相等的区域，这些区域被称为页。相应地，将主存空间划分为与页大小相同的若干个物理块，这些物理块被称为块或页框。在为进程分配主存时，可将进程中的若干页分别装入多个不相邻的块中。

3. 设备管理

（1）基本概念。在计算机系统中，设备按数据组织情况（信息处理方式）可以分为块设备和字符设备；按功能可以分为输入设备、输出设备、存储设备、网络联网设备、供电设备等；从资源分配角度可以分为独占设备、共享设备和虚拟设备；按数据传输率可以分为低速设备、中速设备和高速设备；按管理模式可以分为物理设备、逻辑设备。

设备管理是操作系统功能中最繁杂且与硬件紧密相关的部分，能合理组织与使用除 CPU 以外的所有设备，使用户不必了解设备接口的技术细节，就可以方便地对设备进行操作。设备管理不仅要管理实际物理 I/O 设备，还要管理设备控制器、DMA（direct memory access，直接存储器访问）控制器、中断控制器和 I/O 处理机等支持设备。设备管理包括各种设备分配、缓冲区管理和实际物理 I/O 设备操作，通过管理达到提高设备利用率和方便用户的目的。

（2）数据传送控制方式。外围设备和内存之间的数据传送控制方式主要有 4 种，即程序直接控制方式、中断控制方式、直接存取方式和通道控制方式。

（3）中断技术。中断是指计算机在执行期间，系统内发生任何非寻常的或非预期的急需处理事件，CPU 暂时中断当前正在执行的程序转而执行相应事件的处理程序，待处理完毕又继续执行中断程序或调度新的进程的过程。引起中断发生的事件被称为中断源。中断响应是指 CPU 收到中断源发出的中断请求后，转到相应的事件处理程序的过程。根据操作系统对中断处理的需要，一般对中断进行分类并对不同的中断赋予不同的优先级，按轻重缓急进行处理。

根据中断源产生的条件，中断可以分为软中断和硬中断。软中断是在通信进程之间用来模拟硬中断的一种信号通信方式。软中断与硬中断相同的地方是：中断源发出中断请求或软中断信号后，CPU 或接收进程在适当的时机自动进行中断处理或完成软中断信号所对应的功能。软中断的概念主要源于 Unix 系统。

（4）缓冲技术。为了匹配外设与 CPU 之间的处理速度，减少中断次数和 CPU 的中断处理时间，同时也为了解决直接存储器访问或通道访问时遇到的瓶颈问题，在设备管理中引入用来暂存数据的缓冲技术。根据 I/O 控制方式，缓冲的实现方法有两种：一种是采用专用硬件缓冲器；另一种是在内存划出一个具有若干单元的专用缓冲区，以便存放输入、输出的数据。内存缓冲区又称软件缓冲。根据系统设置的缓冲器个数，可以将缓冲技术分为单缓冲、双缓冲、多缓冲以及缓冲池。

（5）设备分配

1）设备分配用数据结构。常用的数据分配用数据结构有系统设备表（system device table，SDT）、设备控制表（device control table，DCT）、控制器控制表（controller control table，COCT）、通道控制表（channel control table，CHCT）。系统为每个设备配置了一张设备控制表，用于记录该设备的情况。

2）设备分配原则。设备分配原则是根据设备特性、用户要求和系统配置情况决定的。设备分配总原则是既要充分发挥设备的使用效率，又要避免由于不合理的分配方法造成进程死锁，还要把用户程序和具体物理设备隔离开来。即用户程序面对的是逻辑设备，而分配程序是在系统把逻辑设备转换成物理设备之后，再根据要求的物理设备号进行分配。设备分配方式有两种，即静态分配和动态分配。

3）设备分配策略。设备分配策略是指根据设备的固有属性而采取的策略。常用的设备分配策略有以下 3 种。

①独享策略。独享策略是指将一个设备分配给某进程后，便一直由它独占，直至该进程完成或释放该设备为止。

②共享策略。共享策略是指将共享设备（磁盘）同时分配给多个进程使用。

③虚拟策略。虚拟策略是指通过高速共享设备，把一台慢速的、以独占方式工作的物理设备改造成若干台虚拟的同类逻辑设备。这时需要引入假脱机技术。

4）设备分配算法。设备分配算法主要有先来先服务算法和优先级高者优先算法。

4. 文件管理

文件管理是指合理组织、管理辅助存储器中的信息，以便于存储与检索，达到保证安全、方便使用的目的。

（1）基本概念

1）文件。文件是具有符号名的、在逻辑上具有完整意义的一组相关信息项的集合。信息项构成文件内容的基本单位，它可以是一个字符，也可以是一个记录。

记录可以等长，也可以不等长。一个文件包括文件体和文件说明。文件体是文件的真实内容。文件说明是操作系统为了管理文件所用到的信息，包括文件名、文件内部标志、文件类型、文件存储地址、文件长度、访问权限、建立时间和访问时间等。文件分类见表 2–6。

表 2–6　文件分类

文件	按存取的物理结构分类	顺序文件	顺序地存储到连续的物理块中
		链接文件	通过物理块中的链接指针形成一个链表
		索引文件	为文件建立一个索引表，把指示每个逻辑记录存放的指针集中在索引表中，用索引表来记录文件的逻辑块与物理块之间的映射关系
	按文件用户分类	系统文件	由系统软件构成的文件
		用户文件	由用户源代码、目标文件、exe 文件和数据组成
		库文件	由标准子例程和常用例程组成
	按文件中的数据形式分类	源文件	由源程序和数据构成的文件
		目标文件	由源程序经过相应的计算机语言编译程序编译，但尚未经过链接程序链接的目标代码所形成的文件，后缀名为“.obj”或“.o”
		可执行文件	由目标代码文件通过链接器处理后生成的最终文件，包含计算机可以直接执行的指令和数据，后缀名为“.exe”“.app”等，在特定的操作系统和硬件平台上运行

2）文件系统。在操作系统中，实现文件统一管理的一组软件和相关数据的集合，即专门负责管理和存取文件信息的软件机构，简称文件系统。文件系统是操作系统用于明确存储设备或分区文件的方法，即在存储设备上组织文件的方法。文件系统由三部分组成：文件系统的接口、对对象进行操纵和管理的软件集合、对象及其属性。从系统角度来看，文件系统是指对文件存储设备空间进行组织和分配，负责文件存储并对存入文件进行保护和检索的系统。

3）文件类型。按性质和用途可以将文件分为系统文件、库文件和用户文件；按信息保存期限可以将文件分为临时文件、档案文件和永久文件；按保护方式可以将文件分为只读文件、读 / 写文件、可执行文件和不保护文件。Unix 系统将文件分为普通文件、目录文件和设备文件。

（2）文件的结构和组织形式。文件按逻辑结构可以分为两大类：无结构的流式文件和有结构的记录式文件。

无结构的流式文件是最简单的文件组织形式。无结构文件将数据按顺序组成记录并积累、保存，文件体为字节流，不划分记录。通常采用顺序访问方式，以字节为单位，每次读、写访问可以指定任意数据长度。无结构的流式文件管理简单，用户可以方便地对其进行操作，常见的有源程序文件、目标代码文件等。

有结构的记录式文件按记录的组织形式可以分为顺序文件、索引文件、索引顺序文件、直接文件、散列文件等。这类文件涉及定长记录和变长记录。

文件的物理结构就是文件的内部组织形式，或者说是文件在物理存储设备上的存放方法。常见的文件物理结构有连续结构（顺序文件）、链接结构（串联文件）、索引结构（索引文件）。相应的文件分配方式有连续分配、链接分配和索引分配。

（3）文件目录。系统为每个文件编制一个目录表，其内容包括文件名、物理地址、存取控制信息。把文件说明按一定的逻辑结构存放到物理存储块的一个表目中，这个表目就是文件目录。文件目录可以分为单级目录、二级目录、多级目录和无环图目录。

（4）文件共享。文件共享是指不同用户进程使用同一文件。它不仅是不同用户完成同一任务所必需的功能，还可以节省大量的主存空间，减少由于文件复制而增加的访问外存的次数。

小知识

如图 2-14 所示，常见的文件链接分为硬链接和软链接（符号链接）两种。

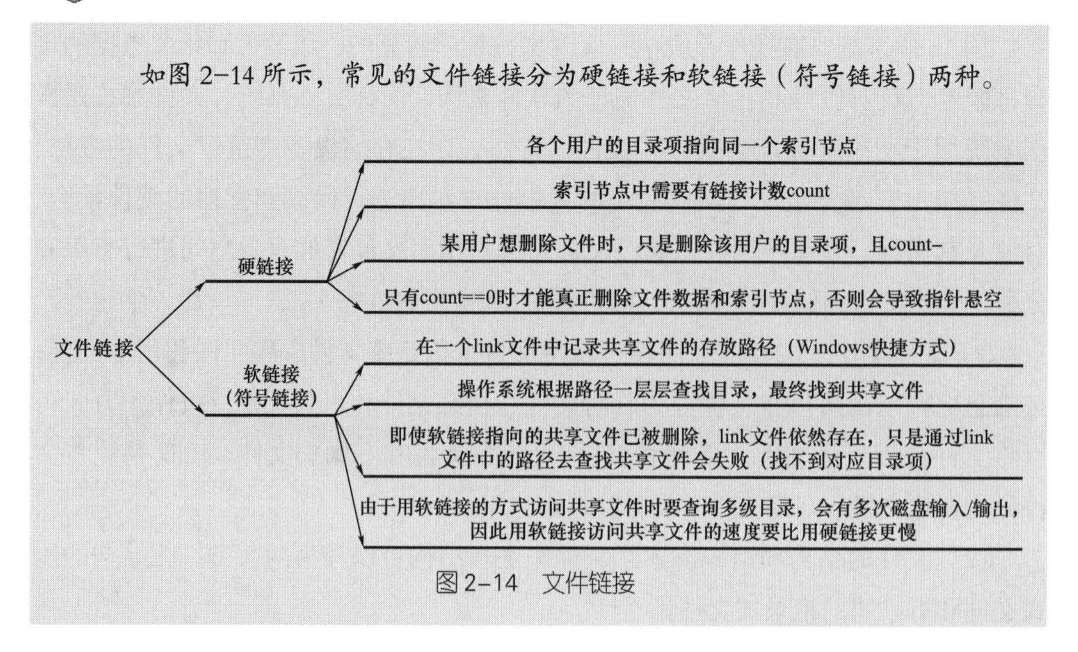

图2-14　文件链接

（5）文件保护。常用的文件保护方式有三种：口令保护、加密保护和访问控制，如图 2–15 所示。

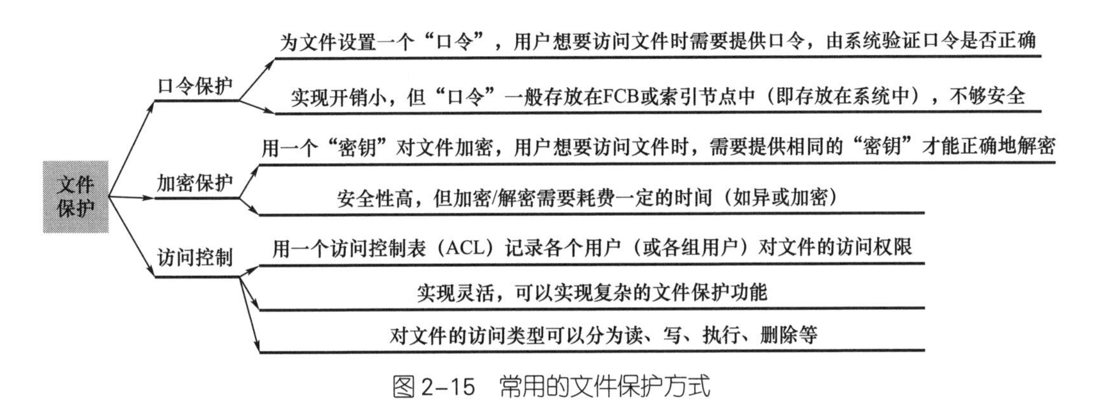

图 2–15 常用的文件保护方式

1）口令保护

①优点：保存口令的空间开销不大，验证口令的时间开销也很小。

②缺点：正确的“口令”存放在系统内部，不够安全。

2）加密保护。即使用某个“密钥”对文件进行加密，在访问文件时需要提供正确的“密钥”，否则无法对文件进行正确的解密。

①优点：保密性强，不需要在系统中存储“密码”。

②缺点：编码 / 译码（或者说加密 / 解密）需要花费一定时间。

3）访问控制。即在每个文件的文件控制块或索引节点中增加一个访问控制列表（access control list，ACL）。有的计算机可能会有多个用户，因此 ACL 可能会很大，此时可以采用精简的访问列表，以“组”为单位，标记各组用户可以对文件执行哪些操作。

（6）文件存取

1）顺序存取。顺序存取是指按照文件的逻辑地址顺序存取。例如，若当前读取的记录为 Ri，则下一次读取的记录被自动地确定为 Ri 的下一个相邻记录 Ri+1。

2）直接存取（随机存取）。直接存取允许用户根据记录编号存取文件的任意记录，或根据存取命令把读写指针移到指定读写处进行读写。大多数操作系统采用顺序存取和随机存取的方法。

3）按键存取。这里的键是指关键字。按键存取通常用于复杂文件系统，特别是数据库管理系统。通常先搜索待存取记录的逻辑位置，再将其转换到相应的物理地址后进行存取。按键存取对文件的搜索有两种：关键字搜索和记录搜索。

培训课程 5

数据库基础知识

一、基本概念与发展历程

1. 基本概念

（1）数据。数据（data）是描述事物的符号记录。数据的种类有文本、图形、图像、声音等。在现代计算机系统中，数据的概念是广义的。早期的计算机系统主要用于科学计算，处理的数据是整数、实数、浮点数等传统数学中的数据。现代计算机能存储和处理的对象十分广泛，表示这些对象的数据也越来越复杂。数据与其语义是不可分的。500 这个数字可以表示一件物品的价格是 500 元，也可以表示参加一个学术会议的人数有 500 人，还可以表示一袋奶粉重 500 克。

（2）数据库。数据库（database，DB）是长期存储在计算机内，有组织、可共享的数据集合。数据库数据按一定的数据模型组织、描述和存储，具有较小的冗余度、较高的数据独立性和易扩展性，可被各种用户共享。简单地讲，数据库数据具有永久存储、有组织和可共享 3 个特点。数据模型是数据库的核心概念，每个数据库中的数据都是按照某一种数据模型来组织的。

（3）数据库系统。数据库系统（database system，DBS）是指在计算机系统中引入数据库后的系统构成。数据库系统由数据库、数据库管理系统及其开发工具、应用系统、数据库管理员构成。数据库系统和数据库是两个概念。数据库系统是一个人机系统，数据库是数据库系统的一个组成部分。在日常工作中，有时会把数据库系统简称为数据库，从业人员应能够根据具体情况区分“数据库系统”和“数据库”。

（4）数据库管理系统。数据库管理系统（database management system，DBMS）是位于用户与操作系统之间的一种数据管理软件，主要用于科学地组织和存储数据、高效地获取和维护数据。DBMS 主要功能包括数据定义功能、数据操纵功能、数据库运行管理功能、数据库建立和维护功能。DBMS 是一个复杂的大型软件系统，是计算机的基础软件。目前，专门研制 DBMS 的公司及 DBMS 产品有很多。例如，美国 IBM 公司的 DB2 关系数据库管理系统、IMS 层次数据库管理系统，甲骨文公司的 Oracle 关系数据库管理系统，Sybase 公司的 Sybase 关系数据库管理系统，微软公司的 SQL Server 关系数据库管理系统等。又如，中国华为公司的 openGauss 开源关系型数据库，蚂蚁集团的 Ocean Base 分布式关系型数据库，达梦公司的达梦数据库等。

2. 发展历程

（1）第一代数据库系统（层次和网状数据库系统）。代表产品是 IBM 公司在 1969 年开发的层次模型数据库系统。可以说，层次数据库系统是数据库系统的先驱，而网状数据库系统则奠基了数据库系统在概念、方法、技术等方面的基础。

（2）第二代数据库系统（关系数据库系统）。1970 年，IBM 公司的一位研究员在论文“A Relational Model of Data for Large Shared Data Banks”中提出数据库的关系模型，为关系数据库技术奠定了理论基础。到了 20 世纪 80 年代，几乎所有新开发的数据库系统都是关系型的。将关系数据库技术实用化的关键人物是詹姆斯·格雷。詹姆斯·格雷在解决如何保证数据的完整性、安全性、并发性以及数据库的故障恢复能力等重大技术问题方面发挥了关键作用。关系数据库管理系统（relational database management system，RDBMS）的出现促进了数据库系统的小型化和普及化，使在微型计算机上配置数据库系统成为可能。

（3）新一代数据库系统的研究和发展

1）面向对象的方法和技术与数据库的发展。20 世纪 80 年代，面向对象的方法和技术出现了，这对计算机各个领域，包括程序设计语言、软件工程、信息系统设计以及计算机硬件设备等都产生了深远的影响，也给数据库技术带来了新的机遇。数据库研究人员借鉴和吸收了面向对象的方法和技术，提出了面向对象的数据库模型（简称对象模型）。目前，许多研究是建立在已有的数据库成果和技术上的，针对不同的应用，相对于传统的 DBMS，RDBMS 主要是在不同层次上进行扩充，如建立对象关系模型和建立对象关系数据库（object relational database，ORDB）。

2）数据库技术与多学科技术的有机结合。数据库技术与多学科技术的有机结合是当前数据库发展的重要特征。计算机领域中其他新兴技术的发展对数据库技术产生了重大影响。传统的数据库技术和计算机网络、人工智能、并行处理、面向对象的程序设计等其他技术的相互结合、相互渗透，使数据库的许多概念、技术内容、应用领域，甚至某些原理都发生了重大变化，进而建立和实现了一系列新型数据库，如分布式数据库、并行数据库、演绎数据库、知识库、多媒体库、移动数据库等。

3）面向专门应用领域的数据库技术的研究。为了适应数据库应用多元化的发展要求，在传统数据库基础上，结合各个专门应用领域的特点，科研人员研究了适合各个应用领域的数据库技术，如工程数据库、统计数据库、科学数据库、空间数据库、地理数据库、Web 数据库等。这是当前数据库技术发展的又一重要特征。同时，数据库系统结构也由主机 / 终端的集中式结构发展到网络环境的分布式结构，随后又发展成两层、三层或多层客户 / 服务器结构以及互联网环境下的浏览器 / 服务器结构和移动环境下的动态结构。多种数据库结构满足了不同的应用需求，适应了不同的应用环境。

二、数据模型与数据库

1. 数据模型

（1）基本概念。数据模型是现实世界数据特征的抽象化，用于描述一组数据的概念和定义。数据模型是数据库中数据的存储方式，是数据库系统的基础。在数据库中，数据的物理结构又称存储结构，它是数据元素在计算机存储器中的表示及配置；数据的逻辑结构则指数据元素之间的逻辑关系。数据的存储结构不一定与逻辑结构一致。数据模型所描述的内容包含数据结构、数据操作和数据约束。

1）数据结构。数据结构用于描述系统的静态特征，包括数据的类型、内容、性质及数据之间的联系等。通常按照数据结构的类型来命名数据模型。例如，层次数据模型和关系数据模型的数据结构分别是层次结构和关系结构。

2）数据操作。数据操作用于描述数据库系统的动态特征，包括数据的插入、修改、删除和查询等。数据模型必须定义这些操作的确切含义、符号、规则及实现语言。

3）数据约束。数据约束实际上是一组完整性规则的集合。完整性规则是指给定数据模型中数据及其联系所具有的制约和存储规则，用以限定符合数据模型的数据库状态及其变化，以保证数据的正确性、有效性和相容性。

（2）数据模型的类型。数据模型按不同的应用层次分为 3 种类型，分别是概念数据模型、逻辑数据模型、物理数据模型。

1）概念数据模型。概念数据模型（conceptual data model）是一种面向用户、面向客观世界的模型，主要用来描述世界的概念化结构。概念数据模型必须换成逻辑数据模型，才能在 DBMS 中实现。在概念数据模型中，常用的是实体－联系模型、扩充实体－联系模型、面向对象模型及谓词数据模型。

2）逻辑数据模型。逻辑数据模型（logical data model）是一种面向数据库系统的模型，是具体的 DBMS 所支持的数据模型，如网状数据模型（network data model）、层次数据模型（hierarchical data model）等。

3）物理数据模型。物理数据模型（physical data model）是一种面向计算机物理表示的模型，它描述了数据在存储介质上的组织结构，不但与具体的 DBMS 有关，还与操作系统和硬件有关。

（3）成熟的数据模型。目前，成熟的数据模型有层次数据模型、网状数据模型和关系数据模型。它们之间的根本区别在于数据之间联系的表示方式不同，即记录类型之间的联系方式不同。

1）层次数据模型。层次数据模型是数据库系统最早使用的一种模型，它的数据结构是一棵"有向树"。根结点在最上端，层次最高；子结点在下，逐层排列。层次数据模型的特征如下：①有且仅有一个结点没有父结点，它就是根结点；②其他结点有且仅有一个父结点。例如，系教务管理层次数据模型如图 2-16 所示。

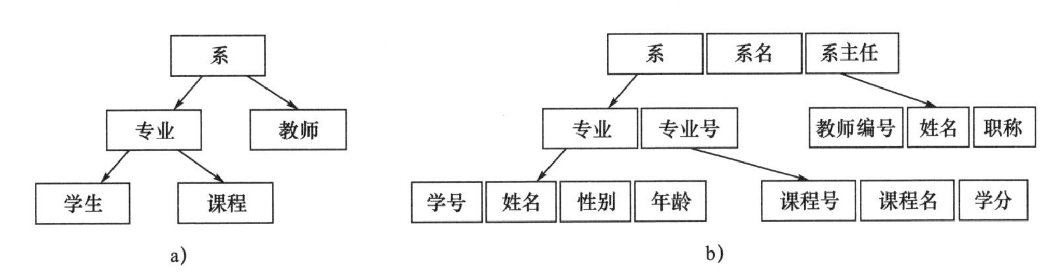

图 2-16 系教务管理层次数据模型

a）实体之间的联系 b）实体型之间的联系

2）网状数据模型。网状数据模型以网状结构表示实体与实体之间的联系。网状结构中的每一个结点代表一个记录类型，结点之间的联系用链接指针来实现。网状数据模型既可以表示多个从属关系的联系，又可以表示数据间的交叉关系。它是层次数据模型的扩展。网状数据模型特征如下：①允许结点有多于一个的父结点；②可以有一个以上的结点没有父结点。

3）关系数据模型（relational data model）。关系数据模型的数据结构是一个"二维表框架"组成的集合。每个二维表又称关系。在关系数据模型中，操作的对象和结果都是二维表。关系数据模型是目前最流行的数据库模型。关系数据模型示例如图 2–17 所示，关系名称分别是"教师关系"和"课程关系"，每个关系均包含 3 个元组、4 个属性，其主码均为"教师编号"。

教师关系框架

教师编号	姓名	性别	所在院名

课程关系框架

课程号	课程名	教师编号	上课教室

a）

教师关系

教师编号	姓名	性别	所在院名
1992650	张卫国	男	计算机学院
2002001	王新光	男	法学院
1984030	刘晋	女	法学院

课程关系

课程号	课程名	教师编号	上课教室
A0-1	软件工程	1992650	D12 J2103
B1-2	宪法	2002001	D12 J2203
B1-3	民法	1984030	D9 A201

b）

图 2–17　关系数据模型示例

a）关系数据模型　b）两个关系数据模型的关系

在关系数据模型中，记录之间的联系是通过不同关系中的同名属性来体现的。例如，查找教师"刘晋"负责的课程，可先在教师关系中根据姓名找到教师编号"1984030"，然后在课程关系中找到"1984030"教师编号对应的课程名。

2. 数据库系统的模式结构和映像功能

（1）数据库系统的三级模式结构。数据库系统的三级模式结构是指数据库系统由模式、外模式和内模式三级构成，如图 2–18 所示。其中，OS 是指操作系统。

1）模式。模式又称概念模式或逻辑模式，是对数据库中全体数据逻辑结构和特征的描述。一个数据库只有一个模式。定义模式时不仅要定义数据的逻辑结构，而且要定义数据之间的联系，定义与数据有关的安全性、完整性要求。

2）外模式。外模式又称用户模式，它是数据库用户能够看见和使用的，对局部数据逻辑结构和特征的描述，是数据库用户的数据视图，是与某一应用有关的数据的逻辑表示。一个数据库可以有多个外模式。应用程序都是与外模式打交道，每个用户只能看见和访问所对应的外模式数据，这样就保证了安全性。

3）内模式。内模式又称存储模式，一个数据库只有一个内模式。它是对数据物理结构和存储方式的描述，是数据在数据库内部的表示方式。

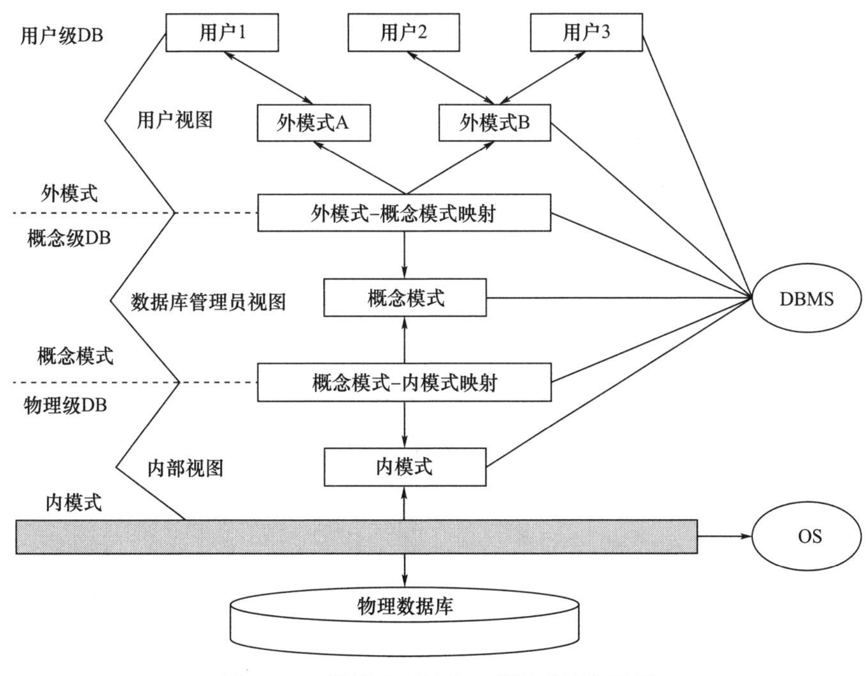

图 2–18　数据库系统的三级模式结构示例

（2）数据库的二级映像功能。数据库管理系统内部提供二级映像，包括外模式 – 概念模式映像、概念模式 – 内模式映像。

1）外模式 – 概念模式映射实现了外模式到概念模式之间的相互转换。当概念模式发生变化时，通过修改相应的外模式 – 概念模式映射，使用户所使用的那部分外模式不变，从而不必修改应用程序，保证数据具有较高的逻辑独立性。

2）概念模式 – 内模式映射是唯一的。它定义了数据库全局逻辑结构与存储结构之间的对应关系。当数据库的存储结构发生变化时，通过修改相应的概念模式 – 内模式映射，使数据库的概念模式不变，不用修改应用程序，从而保证数据具有很高的物理独立性。

3. 数据库系统特点

（1）数据结构化。数据结构化是指数据库中任何数据都不属于任何应用，数据是公共的，是面向整个组织或者企业的。整体数据的结构化可减少乃至消除不必要的数据冗余，节约存储空间，避免数据的不一致性和不相容性（数据不符合规定的约束条件）。

（2）数据独立性高。数据的独立性是指数据与应用程序之间的关联性。应用程序既不存储数据，也不存储数据的逻辑结构。数据与程序相互独立，可以方便地编制各种应用程序，减轻应用程序的维护工作。

（3）数据共享性高。数据与数据的逻辑结构同时存储在数据库中，数据共享度较高，合法用户及各种应用都可以方便地访问、使用数据库中的数据，且不用担心出现数据不一致和不相容的情况。

（4）数据控制能力强。数据库系统具有较强的数据控制能力，包括较强的并发控制能力和数据恢复能力。

4. 数据库系统分类

从最终用户角度来看，数据库系统分为以下 4 类。

（1）单用户数据库系统。单用户数据库系统是一种早期的简单数据库系统。即整个数据库系统都装在一台计算机上，由一个用户独占，不同机器之间不能共享数据。

（2）主从式结构的数据库系统。主从式结构是指一个主机带有多个终端的多用户结构。即数据库系统集中存放在主机上，由主机来完成任务的处理，各个用户通过终端并发地共享数据。主从式结构的优点是简单且数据易于管理与维护；缺点是当用户数量增加到一定程度后，主机任务会过于繁重，因而出现性能瓶颈，且主机故障会导致整个系统不可用。

（3）分布式结构的数据库系统。分布式结构是指数据库中的数据在逻辑上是一个整体，但物理地分布在计算机网络的不同节点上。即网络中的每个节点既可以独立处理本地数据库中的数据，执行局部应用；又可以存取和处理多个异地数据库中的数据，执行全局应用。但数据的分布存放给数据的处理、管理与维护带来困难。此外，当用户需要经常访问远程数据时，系统效率会明显受到网络带宽的制约。

（4）客户 / 服务器结构的数据库系统。在这种数据库系统中，DBMS 功能和应用是分开的，网络中某个（些）节点上的计算机专门用于执行 DBMS 功能，被称为数据库服务器，简称服务器；其他节点上的计算机安装 DBMS 的外围应用开发工具，支持用户的应用，被称为客户机。

三、关系数据库语言 SQL

SQL（structured query language，结构化查询语言）是使用关系数据模型的数据库应用语言，它与数据直接打交道，由 IBM 公司在 20 世纪 70 年代开发出来。美国国家标准局制定了 SQL 标准，先后发布 SQL-86、SQL-89、SQL-92、SQL-99 等标准。SQL 集数据查询、数据操纵、数据定义和数据控制功能于一体，主要特点包括综合统一、高度非过程化、面向集合的操作方式、以同一种语法结构提供多种使用方式，以及语言简洁、易学易用等。

1. 基本概念

支持 SQL 的关系数据库管理系统支持数据库的三级模式结构。其中，外模式包含若干视图（view）和部分基本表（base table），模式包含若干基本表，内模式包含若干存储文件（stored file）。基本表是本身独立存在的表，一个关系就对应一个基本表，一个或多个基本表对应一个存储文件。一个基本表可以带若干索引，索引也放在存储文件中。存储文件的逻辑结构组成了关系数据库的内模式。存储文件的物理结构对最终用户是隐蔽的。视图是从一个或多个基本表导出的表，数据库只存放视图的定义而不存放视图对应的数据。也就是说，视图是一个虚拟表，在概念上它与基本表等同。在视图上可以再定义视图。

2. SQL 语言功能

在 SQL 语言中，完成核心功能的有 9 个关键字：select、create、drop、alter、insert、update、delete、grant、revoke。SQL 语言功能分类如图 2–19 所示。

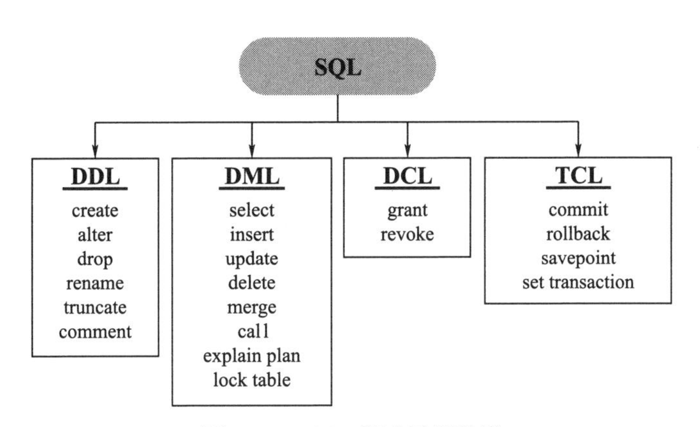

图 2–19　SQL 语言功能分类

（1）DDL（data description language，数据描述语言）。这些语句定义了不同的数据库、表、视图等数据库对象，还可以用来创建、删除、修改数据库和数据表的结构。主要的语句关键字有 create、alter、drop 等。

（2）DML（data manipulation language，数据操纵语言）。这些语句用于添加、删除、更新和查询数据库记录，并检查数据完整性。主要的语句关键字有 select、insert、update、delete 等。

（3）DCL（data control language，数据控制语言）。这些语句用于定义数据库、表、字段、用户的访问权限和安全级别。主要的语句关键字有 grant、revoke 等。

（4）TCL（transaction control language，事务控制语言）。这些语句用来管理和控制数据库中的事务（transaction），保证数据库操作的完整性和一致性。TCL 命令往往和 DML 命令一起使用，确保一系列的数据库操作要么全部成功，要么全部不成功（可回滚至操作前的状态）。主要的语句关键字有 commit、rollback、savepoint 等。

3. 数据库基本操作

数据库基本操作包括增（insert）、删（delete）、改（update）、查（select）4 种。

（1）增。其语法如下：

```
insert into 表名 [( 字段名 ...)] values( 值 ...)
```

（2）删。其语法如下：

```
delete from 表名 [where 条件 ]
```

（3）改。其语法如下：

```
update 表名 set 字段 = 新值 ... [where 条件 ]
```

（4）查。SQL 查询的基本结构由 3 个子句构成，即 select、from 和 where。

查询的完整语法如下：

```
select 字段 | 表达式 from 表名 | 视图 | 结果集
[where 条件 ]
[group by 分组 ]
[having 分组之后进行检索 ]
[order by 排序 ]
[limit 限制结果 ]
```

培训课程 6　程序设计语言基础知识

一、计算机程序

计算机程序就是把需要计算机解决的某一问题以一定的步骤，用一系列指令形式预先安排好。也就是说，程序是指令的有序集合。计算机的基本工作原理是存储程序和控制程序，并按照程序编排的顺序，一步一步地取出指令，自动地完成指令规定的操作。也就是说，程序是由有序排列的指令组成的。这里所说的指令，是已经指定具体操作数地址码的语句。

对于汇编语言和高级语言而言，程序是语句的有序集合。用汇编语言或高级语言编写的程序称为源程序。源程序不能直接被机器执行，它必须经过“翻译”，转换为目标程序才能被执行。用机器语言编写的程序称为目标程序，可以由计算机直接执行。

分析要解决的问题，得出解决问题的算法，并且用计算机的指令或语句编写成可执行的程序，这个过程被称为程序设计。

二、程序设计语言

程序设计语言是人工语言，它是编写程序、表达算法的一种约定，是进行程序设计的工具，是人与计算机进行对话（交换信息）的一种手段。相对于自然语言来说，程序设计语言比较简单，但是很严格，没有二义性。程序设计语言一般分为机器语言、汇编语言和高级语言。

1. 机器语言

机器语言是面向机器的程序设计语言。机器语言即二进制语言，是以二进制形式的 0、1 代码串表示的机器指令及其使用规则的集合，是计算机唯一能直接识别、直接执行的语言。一种机器语言只适用于一类特定的计算机，不能通用，因为不同计算机的指令系统不同。

用机器语言编制的程序，计算机可以直接执行，且运行速度快、执行时间短。但缺点是直观性差，不便于理解和记忆，编写程序难度大，容易出错。早期的计算机只能接收机器语言编写的程序。

2. 汇编语言

汇编语言是一种符号语言。它由基本字符集、指令助记符、标号，以及一些规则构成。汇编语言的语句与机器语言的指令基本对应，转换规则比较简单。与机器语言相比，利用汇编语言编写的程序容易阅读、理解和记忆，编程速度大大提高，出错少。但汇编语言仍为面向机器的语言，不具有通用性。

利用汇编语言编写的程序要经过汇编程序“翻译”成机器语言程序后，才能被计算机执行。

汇编语言和机器语言都是面向机器的程序设计语言，一般将它们称为低级语言。

3. 高级语言

高级语言与具体的计算机指令系统无关，其表达方式更接近人们对求解过程或问题的描述方式。高级语言是一类接近于人类自然语言的程序设计语言。程序中所用的运算符号与运算式都接近于数学采用的符号和算式。它们不再局限于计算机的具体结构与指令系统，而是面向问题处理过程，是通用性很强的语言。高级语言比汇编语言更容易阅读和理解，语句功能更强，编写程序的效率更高，但是执行效率不如机器语言。高级语言编写的程序也要经过编译程序或解释程序“翻译”成机器语言程序后，才能被计算机执行。常用的高级语言有 Visual Basic、Pascal、C、C++、Java、HTML（hypertext mark language，超文本标记语言）等。

培训课程 7 办公软件基础知识

一、办公软件概述

1. 基本概念

办公软件是指可以进行文字处理、表格制作、幻灯片制作、图形图像处理、简单数据库处理等方面工作的软件。大到社会统计，小到会议记录，都离不开办公软件。电子政务系统软件、税务系统软件、协同办公软件等也都属于办公软件。

2. 种类

（1）文字处理软件。在办公过程中，通常使用微软 Office 或 WPS Office 等文字处理软件。文字处理软件可用于编辑文字、排版、校对和印刷，是提高办公质量及效率的重要工具。

（2）图像处理软件。图像处理软件可以快速地实现对图像的处理。Photoshop（简称 PS）软件是应用最广泛的图像处理软件。

（3）数据处理软件。数据处理主要包括数据的收集、存储、整理、检索和发布等过程。例如，使用 Excel 软件可以实现表单设计，因而能更方便地处理数据。

（4）音视频播放软件。音视频播放软件主要播放音频和视频文件，并对相应的音频和视频文件进行转换，以及对音频和视频进行后期处理。

二、操作技巧

下面以办公软件微软 Office 为例，介绍一些操作技巧。

1. 利用样式和格式快速排版

Word 提供了丰富的样式库，可以快速设置文本的字体、大小、颜色和对齐方式。此外，自动编号和项目符号等功能使文档更加结构化和便于阅读。

2. 利用快捷键进行便捷操作

Word 支持许多快捷键和快速操作功能，如复制（Ctrl+C）、粘贴（Ctrl+V）、撤销（Ctrl+Z）等。Word 还支持许多快速操作功能，如调整文本位置和大小、使用键盘快速选择文本等。

3. 设置页眉和页脚

通过对页眉和页脚进行设置，可以在文档中添加页码、文档标题、单位标志等信息。Word 提供了多种样式和布局选项，以满足不同的设计需求。

4. 使用图表来呈现数据

Word 提供强大的图片和表格（简称图表）功能，插入、调整图片和表格可以使数据更加清晰和易读。图片和表格可以直观地展示数据的趋势和关系，提高数据的可视化效果。

5. 合理使用段落和页面设置

Word 提供灵活的段落和页面设置选项，可以根据需要调整文本的对齐方式、缩进和行间距、页边距和纸张大小等。

6. 自动保存和版本控制

Word 能够自动保存，以避免因意外情况导致的数据丢失。版本控制功能可以保存不同时间点的文档版本，方便回溯和恢复之前的修改。

7. 其他技巧

使用快捷键“Shift+F5”，可以快速定位到上一次编辑的位置；使用快捷键“Alt+Shift+D”或“Alt+Shift+T”，可以插入系统日期或当前时间；使用“格式刷”工具，可以复制样式、设置统一的文本格式，通过右键选择“只保留文本”，可以复制干净、无格式的文字；依次选中“视图”“拆分窗口”，可以实现对于同一文档的上下比对。

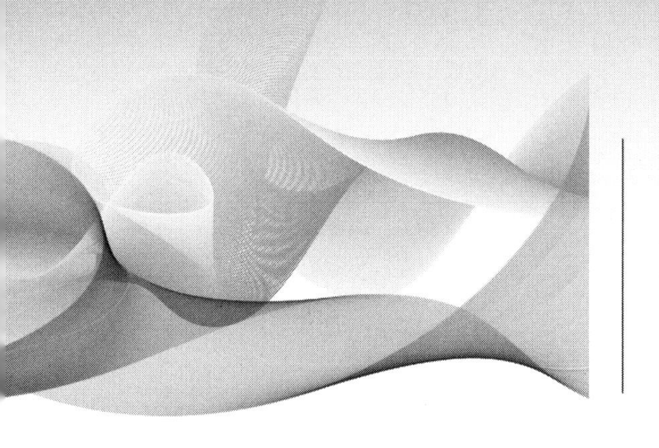

职业模块 3 网络安全基础知识

培训课程 1 网络安全基本概念

一、网络安全概述

1. 网络安全定义

2014 年 4 月 15 日，习近平总书记在主持召开中央国家安全委员会第一次会议时，首次提出总体国家安全观，阐述了总体国家安全观的基本内涵、指导思想和贯彻原则。在总体国家安全观理论体系中，国家安全是一个国家所有国民、所有领域、所有方面、所有层级安全的总和。网络安全是当代国家安全的基本内容之一。根据《中华人民共和国网络安全法》中的用语定义：网络安全是指通过采取必要措施，防范对网络的攻击、侵入、干扰、破坏和非法使用以及意外事故，使网络处于稳定可靠运行的状态，以及保障网络数据的完整性、保密性、可用性的能力。

2. 网络安全基本属性

网络安全基本属性包括机密性、完整性、可用性、抗抵赖性、可控性等。其中，机密性、完整性和可用性合称网络信息系统 CIA 三性。

（1）机密性。机密性是指网络信息不泄露给非授权的用户、实体或程序，能够防止非授权者获取信息。在物理层，主要采用电磁屏蔽技术、干扰和调频技术来防止电磁辐射造成的信息外泄；在网络层、传输层及应用层，主要采用加密、访问控制、审计等方法来保障信息的机密性。

（2）完整性。完整性是指网络信息或者系统未经授权不能进行更改的属性，即信息在存储或传输过程中保持不被修改、不被破坏和不丢失的特征。主要防范措施是验证与认证。

（3）可用性。可用性是指合法许可的用户能够及时获取网络信息或服务的属性，即可授权实体或用户访问并按要求使用信息的特性。主要防范措施是确保信息与信息系统处于可靠的运行状态。

（4）抗抵赖性。抗抵赖性是指防止网络信息系统相关用户否认其活动行为的属性。抗抵赖性又称非否认性，其目的是防止参与方对其行为进行否认，常用于电子合同、数字签名、电子取证等。数据签名技术是解决相关问题的重要手段之一。

（5）可控性。可控性是指责任主体对网络信息系统具有管理、支配能力的属性，即能够根据授权规则对系统进行有效掌握和控制，使管理者有效地控制系统的行为和信息的使用，以符合系统运行目标。

除了上述网络安全基本属性，还有真实性、时效性、合规性、公平性、可靠性、可生存性、隐私性等其他属性。这些安全属性适用于不同类型的网络信息系统，且要求程度各有不同。

二、网络安全威胁与攻击

1. 网络安全威胁因素

网络安全威胁是指对网络安全存在不利影响的行为。网络传播的信息有很多是敏感信息，甚至是国家机密，所以难免会受到来自世界各地的各种人为攻击，如信息泄露、信息窃取、数据篡改、数据删添、计算机病毒感染等。同时，网络实体可能遭受诸如水灾、火灾、地震、电磁辐射等方面的影响。网络安全威胁因素主要有以下 4 类。

（1）环境原因。计算机设备本身就有电磁辐射问题，也会受到外界电磁波的辐射和干扰。此外，可能影响网络安全的还有水、电等辅助保障系统中断或不正常运行，以及水灾、火灾、地震、雷电等不可抗拒的自然因素。

（2）系统自身设计问题。这类问题主要包括：操作系统在逻辑设计上的缺陷或错误、应用软件在逻辑设计上的缺陷或错误、协议缺陷等。

（3）软件与安全配置的漏洞。从网络上下载的许多软件自身带有或被恶意投放计算机病毒，它们对计算机系统造成极大威胁。另外，计算机软硬件的安全配置工作质量不高或未达到标准要求，也会引起非常严重的安全隐患。

（4）人为因素。人为因素在网络安全问题中非常重要，大多数网络安全事件都是由人为因素造成的。人为因素不但危害性较大，而且难以防御。人为因素可以分为有意和无意两种情况。有意是指人为地对网络进行恶意攻击，实施违法、违纪活动；无意是指网络管理人员或者用户疏忽大意造成的操作失误。

2. 网络安全攻击

（1）危害行为类型。网络攻击是损坏网络系统安全属性的危害行为。危害行为导致网络系统的机密性、完整性、可控性、真实性、抗抵赖性等受到不同程度的破坏。常见的危害行为有 4 种，即信息泄露攻击、完整性破坏攻击、拒绝服务攻击、非法使用攻击。

（2）攻击过程。了解攻击过程有利于更好地防范网络攻击，网络攻击步骤大致如下：1）隐藏攻击源；2）收集攻击目标信息；3）挖掘漏洞信息；4）获取目标访问权限；5）隐蔽攻击行为；6）实施攻击；7）开辟后门；8）清除攻击痕迹。

（3）攻击方式。攻击方式具有多样化，从不同角度看待网络安全威胁，得到的网络攻击分类界定并不一致。根据 ITU–T X.800 和 RFC4949，可以将网络安全攻击分为主动攻击和被动攻击两种。

1）主动攻击。即攻击者访问其所需信息的故意行为。主动攻击包括假冒、重放、改写消息和拒绝服务等方法。

2）被动攻击。被动攻击主要是收集信息而不是进行访问，数据的合法用户不会觉察这种活动。被动攻击包括嗅探、信息收集等方法。

对被动攻击进行检测十分困难，因为攻击并不涉及数据的任何改变。但阻止被动攻击是可行的，因此，针对被动攻击强调的是阻止而不是检测。

（4）常见攻击形式

1）口令窃取。口令窃取有 3 种基本攻击形式：一是利用已知或假定的口令尝试登录；二是根据窃取的口令文件进行猜测；三是窃听某次合法终端之间的会话，并记录所使用的口令。

2）欺骗攻击。欺骗实质上是一种冒充身份通过认证骗取信任的攻击方式。攻击者针对认证机制的缺陷，将自己伪装成可信任方，从而与受害者进行交流，最终攫取信息或是展开进一步攻击。

3）缺陷和后门攻击。程序中的某些代码可能不满足特定的需求，而攻击者可以利用这些缺陷发起攻击。在编写网络服务器软件时，要充分考虑如何防止黑客的攻击行为（如验证输入数据的正确性，验证输入数据的长度和存储区的占用情况），并对输入语法做出正确的定义，同时必须遵守最小特权原则。

4）计算机病毒。根据《中华人民共和国计算机信息系统安全保护条例》中的用语定义：计算机病毒是指编制或者在计算机程序中插入的破坏计算机功能或者毁坏数据，影响计算机使用，并能自我复制的一组计算机指令或者程序代码。

5）拒绝服务攻击。拒绝服务（denial of service）攻击又称 DoS 攻击，是指利用合理的服务请求来占用过多的服务资源，从而使合法用户得不到服务响应。

6）重放攻击。重放攻击（replay attack）又称重播攻击、回放攻击，是指攻击者通过发送一个目的主机已经接收过的包，来达到欺骗系统的目的。重放攻击主要用于身份认证过程，破坏认证的正确性。

7）中间人攻击。中间人攻击（man-in-the-middle attack）简称 MITM 攻击，是一种“间接”的入侵攻击。这种攻击形式通过各种技术手段将受入侵者控制的一台计算机虚拟放置在网络连接中的两台通信计算机之间，这台计算机被称为“中间人”。

8）社会工程学攻击。社会工程学攻击是一种利用人的本能反应、好奇心、信任、贪便宜等弱点进行欺骗、伤害等，从而获取自身利益的攻击形式。攻击者会通过与他人进行合法交流，使其心理受到影响，并做出某些动作或者透露一些机密信息。

培训课程 2

网络安全体系架构

一、网络安全体系结构与模型

1. OSI 安全体系结构

为了适应网络安全技术的发展，国际标准化组织的计算机专业委员会根据开放系统互联参考模型 OSI 制定了一个网络安全体系结构，标志性成果是 1989 年正式颁布的 ISO 7498-2 标准。该结构是 OSI 模型的补充，与 OSI 七层协议相对应，在不同的层次上都有不同的安全技术。OSI 安全体系层次如图 3-1 所示。

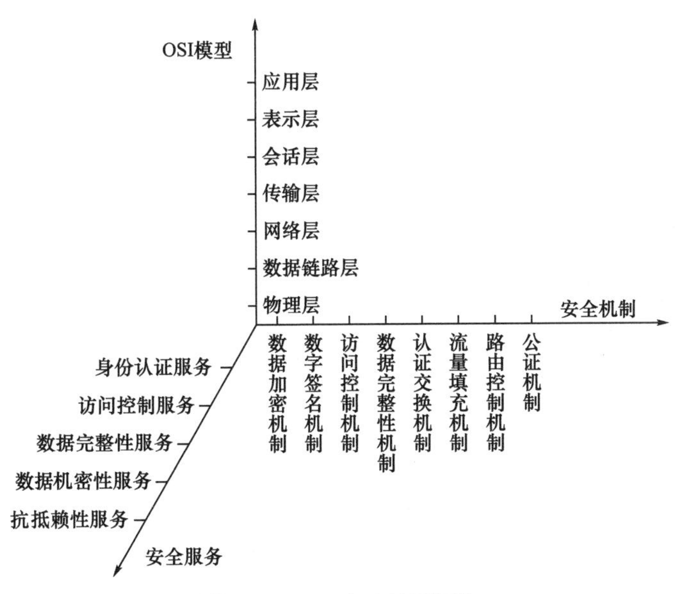

图 3-1 OSI 安全体系层次

该结构主要解决网络信息系统中的安全与保密问题，关注安全服务和安全机制。

（1）安全服务。在 X.800 建议（recommendation X.800）中，安全服务是指由通信开放系统的协议层提供的，能保证系统和数据传输安全的服务。国际标准化组织定义了以下 5 种基本安全服务：身份认证服务、访问控制服务、数据完整性服务、数据机密性服务、抗抵赖性服务。简单来说，安全服务是指用来增强数据处理系统安全性和信息传递安全性的服务。这些服务利用一种或多种安全机制来防范安全攻击。

（2）安全机制。安全机制是用来实施安全服务的机制，是用来检测、防范安全攻击并从中恢复系统的机制。安全机制既可以是具体的、特定的，也可以是通用的。主要的安全机制有以下 8 种：数据加密机制、数字签名机制、访问控制机制、数据完整性机制、认证交换机制、流量填充机制、路由控制机制和公证机制。

（3）安全服务与安全机制的关系。安全服务是安全机制的实施目标，安全机制是用来检测、预防安全攻击或者从安全攻击中恢复的机制，是实现安全服务的技术手段。单一的安全机制不一定能保证服务所需的所有安全。安全服务与安全机制的关系见表 3–1。

表 3–1　安全服务与安全机制的关系

安全服务		安全机制							
		数据加密机制	数字签名机制	访问控制机制	数据完整性机制	认证交换机制	流量填充机制	路由控制机制	公证机制
身份认证服务	对等实体认证	√	√			√			
	数据源点认证	√	√						
访问控制服务	访问控制			√					
数据机密性服务	连接机密性	√						√	
	无连接机密性	√						√	
	选择字段机密性	√							
	数据流机密性	√					√	√	
数据完整性服务	可恢复的链接完整性	√			√				
	不可恢复的链接完整性	√			√				
	选择字段连接完整性	√			√				

续表

安全服务		安全机制							
		数据加密机制	数字签名机制	访问控制机制	数据完整性机制	认证交换机制	流量填充机制	路由控制机制	公证机制
数据完整性服务	选择字段无连接完整性	√	√		√				
	无连接完整性	√	√		√				
抗抵赖性服务	发送的不可抵赖		√		√				√

2. 网络安全模型

（1）网络访问安全模型。网络访问安全模型由以下 6 个功能实体组成，即消息发送方、消息接收方、安全转换、通信信道、可信第三方和攻击者。网络访问安全模型如图 3–2 所示。

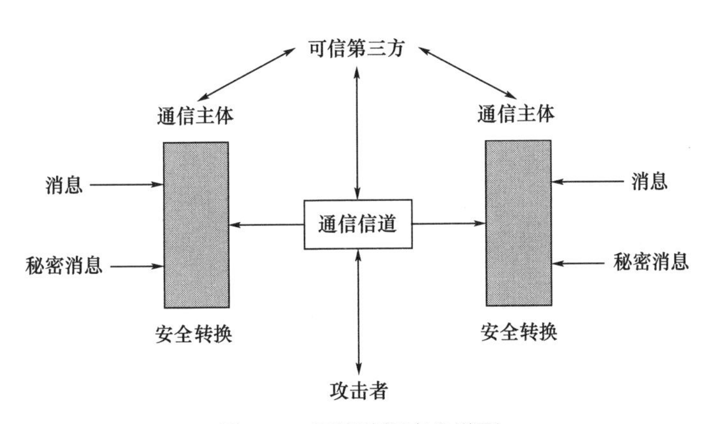

图 3–2　网络访问安全模型

（2）网络系统安全模型。网络系统安全模型是指以建模的方式给出解决安全问题的过程和方法。其主要内容包括：准确描述构成安全保障机制的要素以及要素之间的关系，准确描述信息系统行为和运行过程，准确描述信息系统行为与安全保障机制之间的关系。借助网络系统安全模型可以构建网络安全体系结构，并进行网络安全解决方案的制定、规划、分析、设计和实施等。下面介绍 3 个经典的网络安全模型。

1）P2DR 模型。P2DR 模型是美国 ISS 公司提出的动态网络安全体系的代表模型。根据风险分析产生的安全策略，该模型描述了系统中哪些资源需要得到保护，以及如何实现对它们的保护等。P2DR 模型由 4 个部分构成：策略（policy）、防护（protection）、检测（detection）、响应（response）。其中，策略是该模型的核心。

2）PDRR 模型。在 P2DR 模型中，没有涉及恢复，仅把它作为一项处理措施包含在响应环节之中。随着人们对业务连续性和灾难恢复性重视程度的提高，PDRR 模型被提出。PDRR 模型由 4 个部分构成：防护（protection）、检测（detection）、恢复（recovery）、响应（reaction）。

3）IATF 模型。信息保障技术框架即 Information Assurance Technology Framework，是美国国家安全局（National Security Agency，NSA）制定的。该框架为保护美国政府和工业界的信息与信息技术设施提供技术指南。IATF 代表理论为“深度防护战略”，它强调人、技术、操作这 3 个核心要素，关注 4 个信息安全保障领域，即保护网络和基础设施、保护边界、保护计算环境、支持基础设施。我国国家 973 计划项目“信息与网络安全体系研究”课题组于 2002 年将其引入国内，IATF 对我国信息安全保障体系建设有着重要影响。

二、网络安全技术、策略和制度

1. 网络安全关键技术

（1）数据加密与数据隐藏技术。数据加密是计算机系统对信息进行保护的一种可靠办法。它利用密码技术对信息进行加密，实现信息隐蔽，从而起到保护信息安全的作用。

信息隐藏是指将秘密信息隐藏于另一个非保密的载体中。载体可以是图像、音频、视频、文本，也可是信道，甚至可以是某套编码体制或整个系统。狭义的信息隐藏通常是指隐写术、数字水印和数字指纹。广义的信息隐藏还包括隐藏信道、阈下信道、低截获概率和匿名通信等。

（2）认证技术。认证是指对网络系统使用过程中的主客体进行鉴别、确认身份后，为其赋予恰当的标志、标签、证书等的过程。认证技术是用来防止计算机系统被非授权用户或进程侵入的技术手段，属于第一道防线。从鉴别对象来看，认证技术分为消息认证和身份认证两种。

1）消息认证。消息认证用于保证信息的完整性和抗抵赖性。

2）身份认证。身份认证是指用户在进入系统或访问不同保护级别的系统资源时，系统确认该用户的身份是否真实、合法和唯一的过程。

（3）防火墙技术。防火墙是一个由计算机硬件和软件组成的系统，它部署于网络边界，是内部网络和外部网络之间的连接桥梁。防火墙对进出网络边界的数据进行保护，防止恶意入侵、恶意代码传播等，保障内部网络数据安全。

（4）漏洞扫描与入侵检测技术。漏洞扫描是指基于漏洞数据库，通过扫描等手段对指定的远程或者本地计算机系统的安全脆弱性进行检测，发现可利用漏洞的一种安全检测（渗透攻击）行为。漏洞扫描器包括网络漏扫、主机漏扫、数据库漏扫等类型。

入侵检测是防火墙的合理补充，它被认为是防火墙之后的第二道安全闸门。在不影响网络性能的情况下，该技术能对网络进行监测，从而提供对内部攻击、外部攻击和误操作的实时保护。

2. 网络安全策略

网络安全策略是指在某个安全区域内（通常是指属于某个组织的一系列处理和通信资源），用于所有安全相关活动的一套规则。常用的网络安全策略有以下4类。

（1）物理安全策略

1）区域划分策略。机房组建应考虑计算机运行特点及设备具体要求。机房一般由主机房区、基本工作区、辅助机房区等功能区域组成。

2）设备安全策略。主要涉及设备标记和鉴别、设备可靠性保障、防静电、电磁抗扰、浪涌抗扰、电源适应、电流防泄漏、电源线及线缆布设、电阻绝缘等。

3）环境安全策略。主要涉及场地选择、防火、电磁辐射防护、供电系统防护、静电防护、防雷电、机房接地、温湿度控制、机房防水等。

（2）访问控制策略

1）入网访问控制策略。入网访问控制是网络访问的第一层安全机制，包括控制哪些用户能够登录到服务器并获准使用网络资源，以及控制准许用户的入网时间和位置。

2）操作权限控制策略。操作权限控制是指针对可能出现的网络非法操作而采取安全保护措施。可以根据访问权限将用户分为特殊用户、普通用户和审计用户，可以设定用户对能访问的文件、目录、设备执行何种操作。

3）目录安全控制策略。常规操作包括读取（read）、写入（write）、创建（create）、删除（delete）、修改（modify）等。

4）属性安全控制策略。属性安全控制策略在操作权限控制策略的基础上，进一步提供网络安全保障。属性设置经常控制的权限包括写入文件或目录、复制文件、删除文件或目录、查看文件或目录、执行文件、隐藏文件、共享文件或目录等。

5）网络服务器安全控制策略。网络服务器的安全控制主要是指设置口令锁定服务器控制台，以防止非法用户修改系统、删除重要信息或破坏数据。系统应能提供服务器登录限制、非法访问者检测等功能。

6）网络监测和锁定控制策略。网络管理员应能对用户访问网络资源的情况进行记录、实时监控及锁定等操作。

（3）防火墙策略。防火墙分为专门设备构成的硬件防火墙和运行在服务器或计算机上的软件防火墙。它是保护计算机网络安全的技术性措施，是用来阻止网络黑客进入内部网的屏障。常用的防火墙策略如下。

1）域间安全策略。域间安全策略用于控制域间流量的转发，也用于控制外界与设备本身的互访。对应上述作用，域间安全策略可以分为转发策略和本地策略。

2）域内安全策略。在缺省情况下，域内数据流动不受限制，如果需要进行安全检查则可以应用域内安全策略。

3）包过滤策略。接口包过滤是指通过软件来实现对网络接口流量包的过滤和检查。通过接口包过滤，可以控制接口接收和发送 IP 报文，可以按 IP 地址、时间段和服务（端口或协议类型）等多种方式匹配流量并执行相应动作。而硬件包过滤直接通过硬件实现，所以过滤速度更快。

（4）信息加密策略。信息加密的目的是保护网络内的数据、文件、口令和控制信息，保护网络传输数据。常用的加密方法有链路加密、端点加密和节点加密 3 种。链路加密的目的是保护网络节点之间链路信息的安全；端点加密的目的是对源端用户到目的端用户的数据提供保护；节点加密的目的是对源节点和目的节点之间的传输链路提供保护。

3. 网络安全管理制度

（1）硬件管理制度。应制定相应的机房管理制度，规范机房与各种设备的使用和管理，保障机房安全及设备的正常运行。其至少包括日常管理、出入管理、设备管理、巡检（对环境、设备状态、指示灯等进行检查并记录）等内容。重要区域应配置电子门禁系统，控制、鉴别和记录进入的人员。对机房内的各种介质应进行分类标识，重要介质应存储在介质库或档案室中。

（2）软件管理制度。加强软件的安全管理，制定有关规章制度规范软件产品在开发、测试、发布、维护和运营过程中的安全管理工作。

培训课程 3 网络安全管理基础

一、网络安全管理概述

1. 网络安全管理定义和内容

网络安全管理是指支持和控制网络安全所必须进行的管理，包括系统安全管理、安全服务管理和安全机制管理 3 个方面。系统安全管理是指整个 OSI 安全体系结构的环境安全管理；安全服务管理是指对特定安全服务的管理；安全机制管理包括密钥管理、数字签名、访问控制、认证、数据完整性管理等，实质上是对各种网络资源进行监测、控制、协调并报告故障等。

从实际管理工作来看，网络安全管理可以划分为安全设备管理、安全策略管理、安全风险控制、安全审计等内容。

安全设备管理是指对网络中所有的安全产品，如防火墙、VPN、查杀毒软件、入侵检测系统、漏洞扫描等产品进行统一管理及监控。

安全策略管理是指管理、保护及自动分发全局性安全策略，包括对安全设备、操作系统及应用系统的安全策略管理。

安全风险控制是指确定、控制并消除或缩减系统资源不确定事件的总过程，包括风险分析，策略或措施的选择、实现和测试，安全评估及安全检查。

安全审计是指对网络中的安全设备、操作系统及应用系统的日志信息进行收集、汇总，并通过对这些信息进行深入分析，得出更深层次的安全分析报告。

2. 网络安全管理方法

网络安全管理是一项复杂的活动，涉及法律法规、技术、协议、产品、标准规范、文化、隐私保护等，同时涉及多个网络安全风险责任体。网络安全管理方法主要有风险管理、纵深防御、层次化保护、应急响应以及 PDCA（plan-do-check-act）等。

3. 网络安全管理要素

网络安全管理要素包括管理对象、威胁主体、脆弱性、安全风险、保护措施。

（1）管理对象。网络安全管理对象是指被企业、机构直接赋予价值因而需要保护的资产。其存在形式包括有形的和无形的两种。常见的网络安全管理对象类型见表 3–2。

表 3–2　常见的网络安全管理对象类型

对象类型	示例
硬件	计算机、网络设备、传输介质、输入输出设备、监控设备、存储设备
软件	网络操作系统、网络通信软件、网络管理软件
网络信息资产	网络 IP 地址、网络物理地址、用户账号口令、业务数据
支持保障系统	消防系统、安保系统、动力系统、空调系统、通信系统、厂商服务系统、制度文件系统
人员	内部人员、外部人员

（2）威胁主体。网络系统中包含各类资产，其所具有的价值不同，将会受到不同类型的威胁。非自然的威胁主体类型见表 3–3。

表 3–3　非自然的威胁主体类型

威胁主体类型	说明
国家	以国家安全为目的，由专业信息安全人员实现
黑客	以安全技术挑战为目的，主要出于兴趣，由掌握不同安全技术的人员组成
恐怖分子	以强迫或者恐吓手段，企图实现不正当愿望
网络犯罪分子	以非法获取经济利益为目的，非法进入网络系统，出卖信息或者修改信息记录
商业竞争对手	以市场竞争为目的，主要搜集商业情报或损害对手的市场影响力
新闻机构	以收集新闻为目的，从网上非法获取有关新闻事件的人员信息或者背景资料
不满的内部工作人员	以报复、泄愤为目的，破坏网络安全设备或者干扰系统运行
粗心的内部工作人员	因工作不专心或者技术不熟练而导致网络系统受到侵害

（3）脆弱性。脆弱性是指计算机系统中与安全策略相冲突的状态或错误。它导致攻击者非授权访问、假冒用户执行操作及拒绝服务。脆弱性的存在会导致风

险，因为威胁主体可能利用脆弱性制造安全风险。

（4）安全风险。安全风险是指特定的威胁主体利用网络安全管理对象存在的脆弱性，造成其价值受损的可能性。

（5）保护措施。保护措施是指为应对网络安全威胁，减小脆弱性，降低意外事件的影响，监测意外事件并促进灾难恢复而实施的各种规程和机制。

4. 网络安全管理流程

网络安全管理一般遵循以下流程。

（1）确定网络安全管理对象。

（2）评估网络安全管理对象的价值。

（3）识别网络安全管理对象的威胁。

（4）识别网络安全管理对象的脆弱性。

（5）确定网络安全管理对象的风险级别。

（6）制定网络安全防范体系及保护措施。

（7）实施和落实网络安全保护措施。

（8）运行和维护网络安全设备、配置。

二、网络安全管理标准体系

1. 网络安全管理及标准体系框架

网络安全管理依据主要有网络安全法律法规、网络安全相关政策文件、网络安全技术标准规范、网络安全管理标准规范等。国际上的主要参考依据有 ISO/IEC 27001 标准、欧盟《通用数据保护条例》和欧洲多国制定的《信息技术安全评估标准》（简称 ITSEC）。国内的主要参考依据有《中华人民共和国网络安全法》《中华人民共和国密码法》以及《信息技术 安全技术 信息安全管理体系 要求》（GB/T 22080—2016）等相关标准规范。

网络安全标准体系框架如图 3–3 所示。

2. 国际网络安全管理体系

随着 ISO 9000 质量管理体系标准的出现及其在全世界的广泛应用，系统管理的思想在网络安全领域也得到了借鉴和采纳。信息安全管理体系（information security management system，ISMS）是 1998 年前后从英国发展起来的一个信息安全领域概念，并逐渐成为世界各国和地区各种类型、各种规模的组织解决信息安全

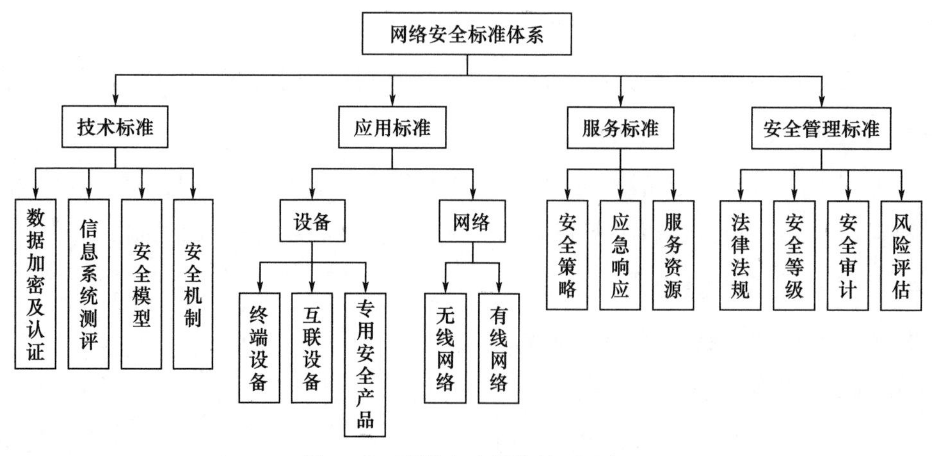

图 3-3　网络安全标准体系框架

问题的一个有效方法体系。该体系是根据 ISO/IEC 27001 标准建立的。2022 年 10 月 25 日，最新的 ISO/IEC 27001:2022 “Information security, cybersecurity and privacy protection–Information security management systems–Requirements”（《信息安全、网络安全和隐私保护　信息安全管理体系　要求》）正式发布。

在实际操作中，依据 ISO/IEC 27001 标准，采用 PDCA 模型来建立、实施和运行、监控和评审、保持和改进 ISMS。相关业务流程是不断改进的，PDCA 模型使职能部门可以及时发现需要改进的环节并进行修正。应用于 ISMS 的 PDCA 模型如图 3-4 所示。

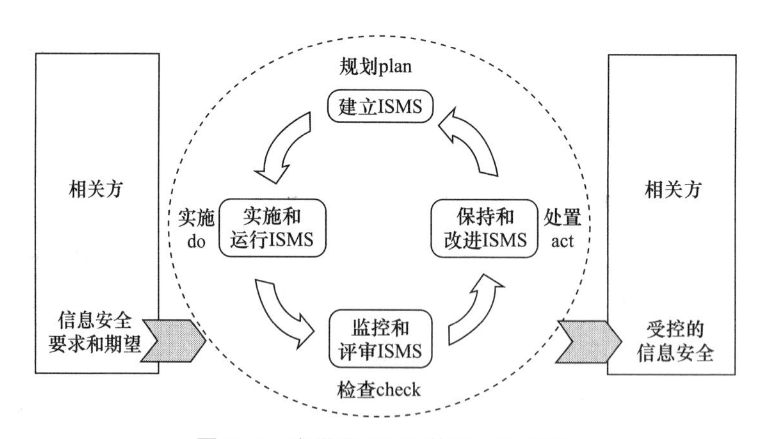

图 3-4　应用于 ISMS 的 PDCA 模型

3. 我国网络安全等级保护制度

我国网络与信息安全标准的相关研究始于 20 世纪 80 年代，由国家标准化委员会负责标准管理工作。相关主管部门相继制定、颁布了一批网络与信息安全的行业标准，为推动网络与信息安全技术在各行业的应用发挥了积极作用。我国的网络安全等级保护制度起源于 1994 年，现行的主要标准为《信息安全技术　网络安全等级保护基本要求》（GB/T 22239—2019）等。

（1）法律要求。《中华人民共和国网络安全法》第二十一条规定：国家实行网络安全等级保护制度。网络运营者应当按照网络安全等级保护制度的要求，履行安全保护义务，保障网络免受干扰、破坏或者未经授权的访问，防止网络数据泄露或者被窃取、篡改。

（2）等级保护对象。等级保护对象是指等级保护工作中的对象，通常是指由计算机或者其他信息终端及相关设备组成的按照一定规则和程序对信息进行收集、存储、传输、交换、处理的系统。其主要包括基础信息网络、云计算平台 / 系统、大数据应用 / 平台 / 资源、物联网、工业控制系统和采用移动互联网技术的系统等。

（3）不同级别等级保护对象受到破坏的损害程度

1）第一级。等级保护对象受到破坏后，会对相关公民、法人和其他组织的合法权益造成一般损害，但不危害国家安全、社会秩序和公共利益。

2）第二级。等级保护对象受到破坏后，会对相关公民、法人和其他组织的合法权益造成严重损害或特别严重损害，或者对社会秩序和公共利益造成危害，但不危害国家安全。

3）第三级。等级保护对象受到破坏后，会对社会秩序和公共利益造成严重危害，或者对国家安全造成危害。

4）第四级。等级保护对象受到破坏后，会对社会秩序和公共利益造成特别严重危害，或者对国家安全造成严重危害。

5）第五级。等级保护对象受到破坏后，会对国家安全造成特别严重危害。

（4）网络安全等级保护要求

1）安全通用要求。安全通用要求是指不管等级保护对象形态如何都必须满足的要求。安全通用要求进一步可以细分为技术要求和管理要求，合计有 10 大类，如图 3–5 所示。

2）安全扩展要求。安全扩展要求是指采用特定技术或特定应用场景下的等级保护对象所需要增加、实现的安全要求。其主要包括云计算安全扩展要求、移动互联网安全扩展要求、物联网安全扩展要求、工业控制系统安全扩展要求等。

安全通用要求和安全扩展要求共同构成了等级保护对象的安全要求，具体内容参考 GB/T 22239—2019。

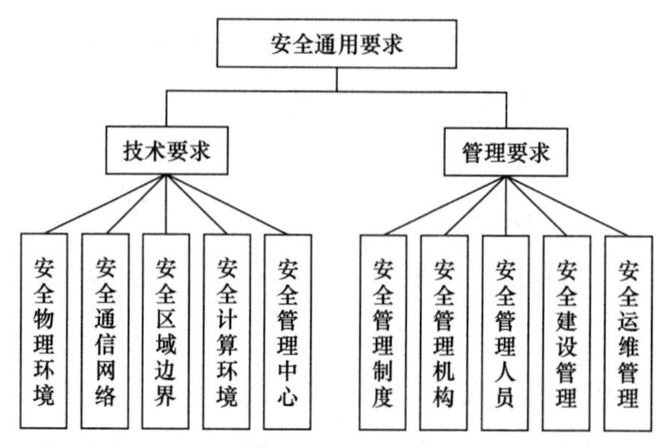

图 3-5　网络安全等级保护的安全通用要求

培训课程 4 数据安全基础知识

一、数据安全概述

1. 数据的概念及分类

数据是指对客观事件进行记录并可以鉴别的符号，包括对客观事物的性质、状态以及相互关系等进行记载的物理符号或这些物理符号的组合。数据是可识别的抽象符号。数据可以是狭义上的数字，也可以是具有一定意义的文字、字母、数字与符号的组合、图形、图像、视频、音频等，还可以是客观事物的属性、数量、位置及其相互关系的抽象表达。数据经过加工处理并被赋予一定意义之后，就成为信息。数据和信息之间是相互联系的。数据是反映客观事物属性的记录，是信息的具体表现形式和载体。信息是数据的内涵，信息是对数据做出的解释。信息加载于数据之上，需要经过数字化转变成数据才能存储和传输。

计算机存储和处理的对象十分广泛，表示这些对象的数据也变得越来越复杂。通常可以对数据做以下分类：按性质分为定位数据、定性数据、定量数据、定时数据等；按表现形式分为数字数据、模拟数据等；按记录方式分为物理介质记录数据、数字化记录数据等。

2. 数据安全定义

数据与信息化息息相关。目前，数据已经成为企业获取核心竞争力的关键因素。数据资产已经和物质资源、人力资源等一样，成为国家的重要战略资源，影响着国家和社会的安全、稳定和发展。因此，数据也被称为“新石油”。在此背景下，尤其随着大数据概念的提出，新的安全问题出现了。

根据《中华人民共和国数据安全法》中的用语定义，数据安全是指通过采取必要措施，确保数据处于有效保护和合法利用的状态以及具备保障持续安全状态的能力。要保证数据处理的全过程安全，全过程包括数据的收集、存储、使用、加工、传输、提供、公开等。

二、数据安全技术

计算机存储的信息越来越多，而且越来越重要，传统的网络安全技术如防火墙技术、加密技术等可以在一定程度上保障数据安全。除此之外，本书重点介绍以下常用的数据安全技术。

1. 身份认证和访问控制技术

身份认证和访问控制都是保护数据安全的重要技术手段。身份认证是确保数据安全的第一道防线。常用的身份认证技术包括口令认证技术、双因素身份认证技术、数字证书的身份认证技术、基于生物特征的身份认证技术、Kerberos 身份认证机制等。访问控制通常是指在身份认证完成后，主体依据某些控制策略或权限对客体本身或其资源进行的不同授权访问，主要利用入网访问控制、网络权限限制、防火墙控制等实现对数据等信息资源的保护。

2. 数据分类分级管理技术

数据分类分级是数据安全治理的前提。数据分类是指按照来源、内容和用户对数据进行分类。而数据分级是指按照价值、内容敏感程度、影响和分发范围对数据进行敏感级别划分。通常情况下，企业需要先对数据进行分类，然后再对每一类数据进行重要程度分级。分类更多是从业务角度执行，而分级更多是从安全角度出发。可以这样理解，分类是横向操作，分级是纵向操作。

3. 数据存储技术

利用适合的存储技术也能增加数据的安全性，常用的数据存储技术包括 DAS（direct attached storage，直接附接存储）、NAS（network attached storage，网络附接存储）、SAN（storage area network，存储区域网络）。数据存储没有标准的体系结构，通常几种存储方式共存，它们互相补充，以充分提升数据存储的安全性。

4. 容灾备份技术

容灾和备份实际上是两个概念。容灾是为了在遭遇灾害时能保证信息系统正常运行，帮助企业实现业务连续性的目标。备份是为了应对灾难来临时的数据丢失问题，通常有复制备份、压缩备份、全备份、增量备份、差异备份、镜像备份、云备份等方法。容灾备份是指通过在异地建立和维护一个备份存储系统，利用地理上的分离来保证系统和数据具有一定的抵御灾难性事件的能力。

5. 数据脱敏技术

数据脱敏是指对某些敏感信息依据脱敏规则进行数据变形，以实现敏感隐私数据的可靠保护。这样就可以在开发、测试和其他非生产环境以及外部环境中安全地使用脱敏后的真实数据集。在涉及客户安全数据或者一些商业性敏感数据的情况下，在不违反系统规则的条件下，可以对真实数据进行改造并供测试使用，如身份证号、手机号、银行卡号、客户号等个人信息都需要进行数据脱敏。

6. 数据水印技术

数据水印是指当敏感数据从原始环境交换到目标环境时，通过采用一定的方法在数据中植入水印，使数据能够识别分发者、分发对象、分发时间、分发目的等因素，同时保留目标环境业务所需的数据特征或内容的数据处理过程。数据水印技术通过对原始数据添加伪行伪列，对原始敏感数据进行脱敏、植入标记等处理，保证分布式数据的正常使用。植入水印的数据具有高可用性、高透明度、不敏感性和高隐蔽性，不容易被外界发现和破解。

三、数据安全标准

1. 国内数据安全标准简介

2016 年，全国信息安全标准化技术委员会（TC260）成立大数据安全标准特别工作组（SWG–BDS），主要围绕数据安全和个人信息保护两个方向研究和制定相关标准，先后发布了一系列重要标准。目前，数据安全国家标准体系包含基础共性、安全技术、安全管理、安全测评和典型应用五大类，部分标准见表 3–4。

表 3–4　部分数据安全国家标准

标准号	标准名称	发布日期	实施日期
GB/T 37973—2019	《信息安全技术　大数据安全管理指南》	2019–08–30	2020–03–01
GB/T 37988—2019	《信息安全技术　数据安全能力成熟度模型》	2019–08–30	2020–03–01
GB/T 35273—2020	《信息安全技术　个人信息安全规范》	2020–03–06	2020–10–01
GB/T 39477—2020	《信息安全技术　政务信息共享　数据安全技术要求》	2020–11–19	2021–06–01
GB/T 39725—2020	《信息安全技术　健康医疗数据安全指南》	2020–12–14	2021–07–01
GB/T 41773—2022	《信息安全技术　步态识别数据安全要求》	2022–10–12	2023–05–01
GB/T 41806—2022	《信息安全技术　基因识别数据安全要求》	2022–10–12	2023–05–01
GB/T 41807—2022	《信息安全技术　声纹识别数据安全要求》	2022–10–12	2023–05–01

续表

标准号	标准名称	发布日期	实施日期
GB/T 41819—2022	《信息安全技术　人脸识别数据安全要求》	2022-10-12	2023-05-01
GB/T 42012—2022	《信息安全技术　即时通信服务数据安全要求》	2022-10-12	2023-05-01
GB/T 42013—2022	《信息安全技术　快递物流服务数据安全要求》	2022-10-12	2023-05-01
GB/T 42014—2022	《信息安全技术　网上购物服务数据安全要求》	2022-10-12	2023-05-01
GB/T 42015—2022	《信息安全技术　网络支付服务数据安全要求》	2022-10-12	2023-05-01
GB/T 42016—2022	《信息安全技术　网络音视频服务数据安全要求》	2022-10-12	2023-05-01
GB/T 42017—2022	《信息安全技术　网络预约汽车服务数据安全要求》	2022-10-12	2023-05-01
GB/T 35274—2023	《数据安全技术　大数据服务安全能力要求》	2023-08-06	2024-03-01

除上述标准外，数据安全相关的行业标准也陆续出台，部分见表 3–5。

表 3–5　部分数据安全行业标准

标准号	标准名称	行业	批准日期	实施日期
JR/T 0055.4—2009	《银行卡联网联合技术规范　第 4 部分：数据安全传输控制》	金融	2009-06-01	2009-07-01
MH/T 4018.7—2012	《民用航空空中交通管理　管理信息系统技术规范　第 7 部分：数据安全》	民用航空	2012-01-19	2012-05-01
JR/T 0109.3—2015	《智能电视支付应用规范　第 3 部分：数据安全传输控制规范》	金融	2015-11-30	2015-11-30
YD/T 3458—2019	《互联网码号资源公钥基础设施（RPKI）安全运行技术要求　数据安全威胁模型》	通信	2019-08-27	2020-01-01
YD/T 3470—2019	《面向公有云服务的文件数据安全标记规范》	通信	2019-08-27	2020-01-01
YD/T 3644—2020	《面向互联网的数据安全能力技术框架》	通信	2020-04-16	2020-07-01
YD/T 3736—2020	《电信运营商大数据安全风险及需求》	通信	2020-08-31	2020-10-01
YD/T 3751—2020	《车联网信息服务数据安全技术要求》	通信	2020-08-31	2020-10-01
JR/T 0197—2020	《金融数据安全　数据安全分级指南》	金融	2020-09-23	2020-09-23
YD/T 3801—2020	《电信网和互联网数据安全风险评估实施方法》	通信	2020-12-09	2021-01-01
YD/T 3802—2020	《电信网和互联网数据安全通用要求》	通信	2020-12-09	2020-12-09

续表

标准号	标准名称	行业	批准日期	实施日期
MZ/T 165—2020	《居民家庭经济状况核对　数据安全管理要求》	民政	2020-12-22	2020-12-22
JR/T 0223—2021	《金融数据安全　数据生命周期安全规范》	金融	2021-04-08	2021-04-08
YD/T 3865—2021	《工业互联网数据安全保护要求》	通信	2021-05-17	2021-07-01
YD/T 3956—2021	《电信网和互联网数据安全评估规范》	通信	2021-12-02	2022-04-01

2. 国外数据安全标准简介

在数字经济时代，各国对数据安全问题都高度重视。面对日益严峻的数据安全威胁，很多国家通过颁布政策法规、加强监管执法、提升安全治理能力等举措，全面强化数据安全保护工作。

国际标准化组织积极构建数据安全标准体系，加紧布局数据安全标准研究和制定工作。目前，主要的国际数据安全标准化组织有 ITU-T、ISO/IEC、NIST（National Institute of Standards and Technology，美国国家标准与技术研究院）等。国际电信联盟标准局第十七研究组（ITU-T SG17）主要负责研究与制定电信和互联网领域的数据安全和个人信息保护标准。ISO/IEC JTC1 SC27（信息安全、网络安全和隐私保护分技术委员会，简称 SC27）是国际标准化组织（ISO）和国际电工委员会（IEC）第一联合技术委员会（JTC1）下属专门负责网络安全领域标准化研究与制定工作的分技术委员会，该委员会管理 7 个咨询组，其中，WG4 安全控制与服务咨询组研究与制定的标准涉及大数据安全和隐私保护的参考架构、过程、实施指南等，WG5 身份管理和隐私保护技术咨询组主要开展隐私保护标准的研究与制定。NIST SP800 提出了大数据安全基础架构，其制定的 NIST 标准涉及受控非保密信息、个人可识别信息等主题的一系列数据安全和隐私保护标准。

职业模块 4 密码基础知识

培训课程 1

密码发展史

一、密码的概念与发展历程

1. 密码的概念

《中华人民共和国密码法》（以下简称《密码法》）明确给出密码的定义，即采用特定变换的方法对信息等进行加密保护、安全认证的技术、产品和服务。按照《密码法》的相关规定，国家对密码实行分类管理，将密码分为核心密码、普通密码和商用密码三大类。其中，核心密码、普通密码用于保护国家秘密信息，有力地保障了各项政令军令的安全，为维护国家网络空间主权、安全和发展利益构筑密码屏障。

2. 古代密码

在人类发展的早期阶段，尤其是在古代战争中，指挥者借助各种方法保护信息的传递，防止敌方获取己方的各种信息。

（1）古代中国的密码。中国是世界上较早建立情报传递系统的国家之一。据甲骨文记载，在商朝已经有了邮驿，当时主要利用人力携带密信，即采用骑马送信的通信方式。从西周开始，中国的通信组织不断完善，逐渐形成两套有组织的通信系统：一套是以烽火为主的早期声光通信系统，另一套是以步行、乘车为主的邮传通信系统。在当时，邮驿制度已经比较完善。《六韬》中提到了“阴符”，这是一套符，不同尺寸的符代表不同的含义。阴符是我国较早用在军事中的用象征符号进行秘密通信的物品。后来，古人认为“阴符”传递的信息有限，于是发明了“阴书”。《六韬》中记载了姜太公对“阴书”的使用：把一封书信分为 3 个部分，派 3 个人各送其中一个部分，即使送信人也不知道完整的书信内容。到了秦始皇时期，以咸阳为中心的驿站网逐渐被建立起来，许多驰道、驿道被修建，传送官府文书和军事情报的邮驿制度逐渐完善，在传送文书时还普遍采用加封印泥的保密方法。到了唐朝，一种“蜡丸书”（又名“蜡弹书”）被发明出来，即把密信封在体积小、便于携带的蜡丸里，防止其内容泄露。到了南宋，一种“隐写术”被发明出来，即用明矾水在信纸上写字，等水干后信纸上一片“空白”，收信人拿到信后，用水将信纸打湿，字会慢慢显现出来。

（2）古代外国的密码。大约在公元前700年，古希腊军队用斯巴达棒（scytale）进行保密通信。斯巴达棒（见图4-1）又称密码棒，是将一条加工过的夹带信息的皮革绕在一根木棒上制成的。密码接收者需要使用一根相同尺寸的木棒，将密码条绕在上面进行解读。

图4-1　斯巴达棒

公元前约500年，在罗马帝国扩张期间出现一种密码术，恺撒大帝在作战时频繁使用这种密码术，因而它被后人称为恺撒密码。恺撒密码是对英文26个字母进行移位代替的密码，是最简单的一类代替密码。明文中的所有字母在字母表上向后（或向前）按照一个固定数目进行偏移后被替换成密文。例如，当偏移量是3的时候，所有的字母A被替换成D，所有的字母B被替换成E，依次类推。

意大利密码学家吉奥万·巴蒂斯塔·贝拉索在1553年其所著的书中，提出使用一系列恺撒密码组成密码字母表的方法，这种密码字母表被称为多表密码。他还首次引入“密钥”的概念。这种密码在历史上曾被称为维吉尼亚密码。

3. 近代密码

19世纪末，密码编码学家一直在寻求使用一种新方法建立秘密通信，让商人和军队可以充分利用电报这种快捷的信息传递方法，而不必担心信息被窃取和篡改。20世纪初，意大利物理学家伽利尔摩·马可尼发明了无线电报通信，使任意两点之间的通信成为可能。无线电报通信易被拦截，因此对安全加密的需求更加迫切。

在战争中，密码设计者不断地设计出新密码，这些密码又不断地被密码分析者破译。在这种情况下，奥古斯特·柯克霍夫提出了柯克霍夫原则，即密码系统的安全性不应该取决于不易改变的算法，而应该取决于可随时改变的密钥。这一原则被后来的密码学家、密码技术人员视为金科玉律，奥古斯特·柯克霍夫也被世人誉为计算机安全之父。

在维吉尼亚密码被破解之后，密码破译者一直领先于密码设计者。1917年，美国数学家吉尔伯特·弗纳姆发明一种“完美”的加密方法，于是随机密钥的概念被提出，继而一次性便签密码的概念又被提出。密钥的随机性使密码具有更好的随机性，也使敌方的密码破译者束手无策。但一次性密码本在实际操作上存在缺陷，一方面制造大量的随机密钥是非常困难的，另一方面分发它们也很困难。这两个缺陷的存在意味着上述设计思想在实战中难以应用。因此，人们不得不考虑放弃纸与笔，采用更好的加密方式——借助机械的力量加密信息。

（1）恩尼格玛密码机。1918 年，德国发明家亚瑟·谢尔比斯和理查德·里特尝试用机械技术代替笔纸密码，于是发明了恩尼格玛密码机。

恩尼格玛密码机的基本原理是从键盘输入的字母，通过转子置换成密文。转子实际上定义了一个密码表，用来执行简单的字母置换。恩尼格玛密码机通过每次置换时转子转动的一定角度来改变对字母的置换映射，相当于定义了 6 个密码表。同时，多个转子通过齿轮进行组合，这样每输入一个字母就可以利用上百种密码表来加密。由于转子的转动是借助机械装置完成的，因此具体过程能够高效、准确地自动完成。恩尼格玛密码机能支持数量巨大的密钥（高达 10^{16} 个）。一种恩尼格玛密码机如图 4–2 所示。

图 4–2　一种恩尼格玛密码机

（2）雷耶夫斯基“炸弹”与图灵“炸弹”。20 世纪 30 年代，波兰密码学家马里安·雷耶夫斯基在恩尼格玛转子配线结构的基础上，通过对所截获的德军密文电报中每封电报最开始的 6 个字母进行分析，发现了德军生成日密钥（即每天变化一次的密码或者密钥）的操作方法，以此为突破点，设计了快速寻找日密钥的方法，并能在当天破解德军的日密钥，这样就破解了德军密电。按照马里安·雷耶夫斯基的设计原理，雷耶夫斯基机器被设计出来，专门用来破解恩尼格玛密码机。6台雷耶夫斯基机器组成一个工作单元，针对恩尼格玛密码机的6种转子组合方式并行工作。这种工作单元就是密码学史上著名的雷耶夫斯基“炸弹”。

艾伦·图灵写出论文《论可计算数及其在判定问题中的应用》。该论文描述了一种想象中的机器：它能进行特定的数学操作或计算，如两个乘数通过一张纸输入到机器内，乘法结果则通过另外一张纸输出；设想每台机器可以用来执行特定的计算任务，如除法、乘法等。这就是著名的图灵机。基于这种创造性思想，艾伦·图灵利用克利巴（crip，某种密文和密文的组合）、环路和电线制作出一种装置，完成了对恩尼格玛密码机的破解。因为图灵机与雷耶夫斯基机器在工作原理上具有一定相似性，所以这种装置又被称为图灵“炸弹”。

艾伦·图灵对恩尼格玛密码机的破解，一方面扭转了欧洲的战局，加快了二战的结束；另一方面间接促成了计算机的出现。计算机的出现以及其使用范围的逐步扩大，推动人类文明跨入崭新的发展阶段，而密码也从近代机械化时代逐步走向现代。

4. 现代密码

（1）香农密码。1945年，克劳德·艾尔伍德·香农向贝尔实验室提交了一份机密文件，题目是《密码术的数学理论》。这一论文成果在二战结束后的1949年，以《保密系统的通信理论》为题正式发表。这篇论文开辟了用信息论来研究密码学的新思路，为密码技术研究建立了一套数学理论。克劳德·艾尔伍德·香农的发现，使信息论成为研究密码学和密码分析学的重要理论基础。同时，他在这篇论文中指出，密码系统的设计问题本质上是寻求一个困难问题的解，使破译密码等价于求解某个已知数学难题，这也催生了后来的公钥密码学。

（2）序列密码。2004年，欧洲启动了ECRYPT（European Network of Excellence for Cryptology，欧洲密码学卓越网络）计划，其中的序列密码项目被称为eSTREAM，主要任务是征集新的可以广泛使用的序列密码算法。该项目于2004年11月开始征集算法，经过3轮为期4年的评估，2008年eSTREAM项目结项，最终有7个算法被选出，它们极大地促进了序列密码的发展。

ZUC算法又称祖冲之算法，是由中国研究人员自主设计的加密算法。2009年5月，ZUC算法获得3GPP（3rd Generation Partnership Project，第三代合作伙伴计划）安全算法组的SA立项，正式申请参加3GPPLTE第三套机密性和完整性算法标准的筛选工作。历时两年多，ZUC 算法经过 3 个阶段的安全评估后，于 2011 年 9 月正式被 3GPPSA 全会通过，成为 3GPPLTE 第三套加密标准核心算法。ZUC 算法是中国第一个成为国际密码标准的密码算法。

（3）分组密码。20 世纪 70 年代初，IBM 公司的密码学者霍斯特 · 法伊斯特尔等人研发出一种分组密码算法，该算法后来成为美国数据加密标准，简称 DES（data encryption standard，数据加密标准）算法。在之后的近 20 年中，DES 算法一直是世界范围内许多金融机构在电子商务交易中使用的标准算法，被认为是较好的商务加密产品之一。

DES 算法的密钥长度为 56 位，其密钥量（2^{56}）不低于恩尼格玛密码机，但操作远比恩尼格玛密码机简单、快捷，且明密文统计规律更随机。该算法通过多次的“迭代”和“混合”，达到对信息加密的效果，其安全性足以使民用计算机密码在可接受的时间内根本无法破解。

随着计算机算力的飞速发展，DES 仅有 56 位密钥的弱点使其无法对抗暴力攻击。1997 年，美国国家标准与技术研究院发布公告征集 AES 算法，用于取代 DES 算法作为美国新的联邦信息处理标准。2000 年，Rijndael 算法被确定为 AES 标准。AES 算法支持 128 位、192 位和 256 位 3 种密钥长度，基于置换排列网络的原理设计。目前，AES 算法已经成为国际上应用最广泛的对称密码算法。

SM4 分组对称密钥算法是国家密码管理局 2012 年 3 月公布的密码行业标准，其明文、密钥、密文都是 16 字节，加密和解密密钥相同。加密算法与密钥扩展算法都采用 32 轮非线性迭代结构。解密过程与加密过程的结构相似，只是密钥的使用顺序相反。

（4）公钥密码。20 世纪 70 年代，惠特菲尔德 · 迪菲与马丁 · 赫尔曼提出了非对称密码体制的设想：每个人持有两个密钥，一个可以向任何人公开，称为公钥；一个由自己私密保管，称为私钥；每个人都可以使用他人的公钥进行加密，而只有接收人使用自己持有的私钥才能正确解密。这就是今天被广泛应用的公钥密码学。

1977 年，由罗纳德 · 李维斯特、阿迪 · 萨莫尔和伦纳德 · 阿德曼共同提出第一个比较完善和实用的公钥加密签名方案，这就是著名的 RSA 算法。RSA 算法在应用过程中经历了各种考验，逐渐被人们所接受。目前，人们普遍认为这是一种优秀的公钥方案。

21 世纪初，椭圆曲线离散对数问题 ECDLP 被研究人员提上研究日程，基于

ECDLP 设计的椭圆曲线公钥密码算法开始成为研究热点。椭圆曲线密码体制以更短的密钥获得超过 RSA 的安全性，因此，ECDLP 的应用前景更为广泛。

SM2 椭圆曲线公钥密码算法是国家密码管理局在 2010 年 12 月公布的密码行业标准。相较于其他非对称公钥算法如 RSA，SM2 使用更短的密钥串就能实现较好的加密强度，同时由于其具有良好的数学设计结构，加密速度也比 RSA 快。

（5）哈希函数。哈希函数又称散列函数，是一种将任意长度的信息压缩到某一固定长度的信息摘要函数。典型的哈希函数有 MD4、MD5、SM3、SHA-2、SHA-3 等。

MD4 是用来测试信息完整性的密码散列函数。MD5 的全称是 message-digest algorithm 5（信息摘要算法 5），在 20 世纪 90 年代初由罗纳德·李维斯特研发，历经 MD2、MD3 和 MD4 发展而来。其作用是让大容量信息在用数字签名软件签署私人密钥前被“压缩”成一种保密格式，即把一个任意长度的字节串变换成一定长度的大整数。SM3 密码杂凑算法是国家密码管理局在 2010 年 12 月公布的中国商用密码杂凑算法标准，其消息分组长度为 512 位，输出杂凑值 256 位，采用 Merkle-Damgard 结构。SHA-2 哈希算法是由 NSA 和 NIST 于 2001 年提出的标准算法，其支持 224 位、256 位、384 位和 512 位 4 种长度的输出，包含 SHA-224、SHA-256、SHA-384、SHA-512 等多种算法。SHA-3 是美国国家标准与技术研究院确认的第三代哈希函数标准，该算法是一种基于海绵函数的安全散列算法，其基本结构被称为海绵结构。SHA-3 的结构灵活性使其能够适应不同的应用场景。

二、密码的功能与作用

1. 密码的功能

（1）加密保护。加密保护是指采用密码算法或密钥将原来可读的信息变成不能直接识别的符号序列，以保护数据的机密性和完整性。加密的目标是防止未经授权的访问者或恶意用户能够轻易地理解或修改敏感信息。简单地说，加密保护就是将明文变成密文。

（2）认证。很多日常活动需要预先确认活动参与者的身份，包括活动的组织者、采购者或者普通参与者。在通信网络中，协议的参与双方需要取信于对方，确信对方参与了协议运行——必须获取某种确凿的证据。认证是一个实体向另一个实体证明某种声称属性的过程。

2. 密码的作用

（1）计算机安全概念。CIA 三元组对计算机安全进行了描述，具体内容如下。

机密性（confidentiality）：对信息的访问和公开进行授权限制，包括保护个人隐私和秘密信息。机密性缺失的定义是信息的非授权泄露。

完整性（integrality）：防止对信息进行不恰当的修改或破坏，包括确保信息的抗抵赖性和真实性。完整性缺失的定义是对信息的非授权修改和毁坏。

可用性（availability）：确保及时和可靠地访问与使用信息。可用性缺失的定义是对信息和信息系统的访问和使用中断。

虽然 CIA 三元组对于安全目标的定义已经很清晰，但在某些安全领域中，还需要额外的一些安全概念来呈现更完整的安全定义。网络与计算机安全的基本需求如图 4–3 所示，其中真实性和可追溯性的概念如下。

真实性（authenticity）：一个实体应是真实的、可被验证的和可被信任的；对于传输信息来说，信息和信息来源应是正确的。

可追溯性（accountability）：实体的行为应能唯一追溯到该实体。

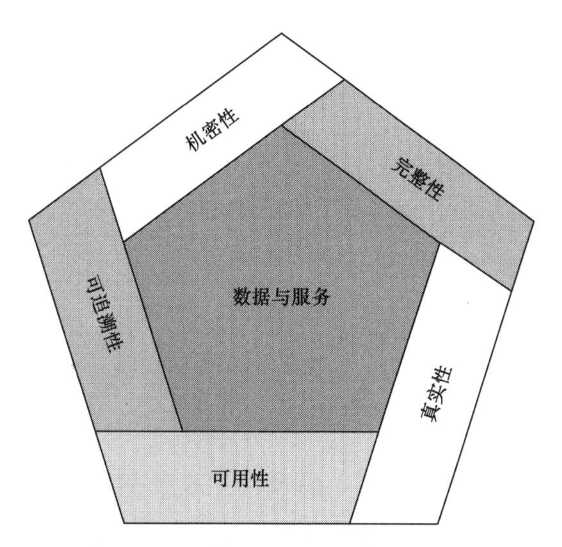

图 4–3 网络与计算机安全的基本需求

（2）密码在计算机安全中的作用。密码技术是目前公认的保障网络与信息安全最有效、最可靠、最经济的关键核心技术，是实现国家网络与信息安全自主可控的基础。密码技术广泛应用于系统安全、通信安全、个人信息保护、金融支付、政务办公等领域，是维护国家安全和社会稳定的关键所在，世界各国和地区都给予其极大的关注和投入。密码技术能够实现网络与信息的机密性、完整性、真实性、可用性和抗抵赖性保护。

三、密码研究前沿与发展趋势

1. 密码研究前沿

量子计算机是一种可以实现量子计算的机器，是一种通过量子力学规律实现数学和逻辑运算、处理和存储信息的系统。量子计算机的特点主要有运行速度较快、处置信息能力较强、应用范围较广等。与使用一般计算机相比，信息处理量越多，使用量子计算机实施运算就越有意义，越能确保运算具有精准性。

目前，主流公钥密码算法提供安全性所依赖的数学问题可以通过高效的量子计算解决。由于底层依赖的数学问题被解决，因此这些公钥密码算法不再安全。这些数学问题包括离散对数、大整数分解等。这些数学问题直接影响目前使用的RSA、Diffie–Hellman、椭圆曲线等算法。对于对称密码算法和哈希函数算法（如AES、SHA–1、SHA–2 等），量子计算会使算法的密钥强度减弱，这样会对这些算法有一定的影响，但是通过调整参数，这些算法可以继续使用。

后量子密码学（post–quantum cryptography，PQC）作为能够抵抗量子计算机对现有密码算法的攻击的新一代密码学领域，正被越来越多的人所了解，将在未来逐渐代替采用 RSA、Diffie–Hellman、椭圆曲线等现行公钥密码算法的密码技术。后量子密码算法作为未来 10 年最重要的前沿密码技术，将对现有的公钥密码体制产生极为重要且深远的影响。

2. 密码发展趋势

（1）同态加密。同态加密是一类具有特殊自然属性的加密方法，此概念是罗纳德·李维斯特等人在 20 世纪 70 年代提出的。与一般加密算法相比，同态加密除了能实现基本的加密操作之外，还能实现密文之间的多种计算功能，即先计算后解密可等价于先解密后计算。这个特性对于保护信息安全具有重要意义。利用同态加密技术可以实现无密钥方对密文的计算，即先对多个密文进行计算再解密，而不必对每个密文解密。这样既可以降低通信成本，又可以转移计算任务。利用同态加密技术可以只让解密方获知最后结果，而无法获得每一个密文的消息，从而提高信息的安全性。

（2）格密码。目前，在用于构建后量子密码系统的常见数学技巧中，格是最通用的一种。几乎所有的经典密码都可以在格密码中实现。相较于其他几类算法的密码，格密码的优势在于抗量子攻击、高并行性、强安全性。随着量子计算的快速发展，网络与信息安全必须面对量子计算攻击，而基于格的密码系统是很有竞争力的抗量子攻击密码候选方案，其意义和作用不言而喻。

（3）量子加密。量子加密是密码学领域一个非常有前景的新方向，其安全性基于量子力学的海森堡测不准原理。通过使用量子密钥分配方法，再结合一次一密的密码体制，量子加密可以达到理论上的无条件安全性。量子加密不仅可以实现无条件安全性，还可以抵抗敌方的窃听。一旦通信过程中存在非法窃听，敌方的行为就会干扰量子态，因而窃听行为能被检测出来。

培训课程 2 密码算法知识

一、对称密码算法

1. 国外对称密码算法

（1）DES 算法。DES 算法采用平衡 Feistel 结构，明文分组长度为 64 位，密钥长度为 64 位（其中有 8 位的奇偶校验位），迭代轮数为 16 轮。DES 算法加密流程如图 4–4 所示。其详细说明如下。

1）将填充好的明文以 64 位为一组进行划分。

2）经过初始置换，对明文进行重新编排。

3）经过 16 轮的 Feistel 轮函数迭代。

4）经过逆初始置换，按位重排，输出密文。

（2）AES 算法。AES 算法的处理单位是字节，128 位的输入明文分组 P 和输入密钥 K 都被分为 16 个字节。AES 算法流程如图 4–5 所示。

AES 算法的轮函数中包含 3 个步骤：一是字节代换，独立地对状态矩阵的每个字节进行非线性变换，字节代换是可逆的；二是行移位，将状态矩阵的各行进行循环移位，不同状态行的位移量不同；三是列混合，利用矩阵相乘实现，将状态矩阵与固定的矩阵相乘，得到新的状态矩阵。

（3）分组加密的工作模式。根据分组数据块链接的组合模式不同，分组密码算法有以下 7 种工作模式：电码本（ECB）模式、密文分组链接（CBC）模式、密文反馈（CFB）模式、输出反馈（OFB）模式、计数器（CTR）模式、分组链接（BC）模式、带非线性函数的输出反馈（OFBNLF）模式。本教材重点介绍常用的 ECB、CBC、CTR 模式。

ECB、CBC、CTR 各模式的参数含义如下：P_1，P_2，P_3，…，P_q 为 q 个明文分组；iv 为初始向量；E_K 表示以 K 为密钥的加密算法；D_K 表示以 K 为密钥的解密

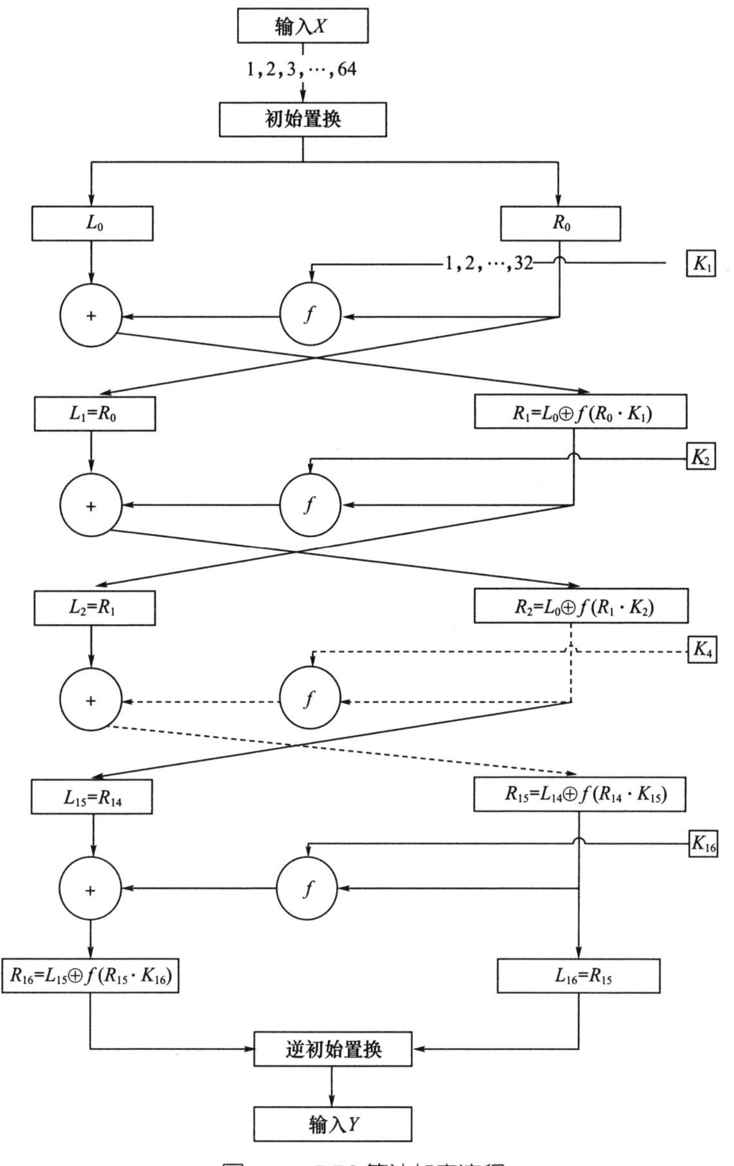

图 4-4　DES 算法加密流程

算法；C_1，C_2，C_3，…，C_q 为 q 个密文分组。

一般分组密码的加密分组大小为固定长度，如 128 位。如果消息长度超过固定分组长度，在进行加密之前，会按照分组长度对消息进行分块；如果消息长度不是分组长度的整数倍，则在分块后必须将其填充为分组长度的整数倍。

1）ECB 模式。ECB 模式是最直接的消息加密方法，ECB 模式的加密和解密流程如图 4-6 所示。

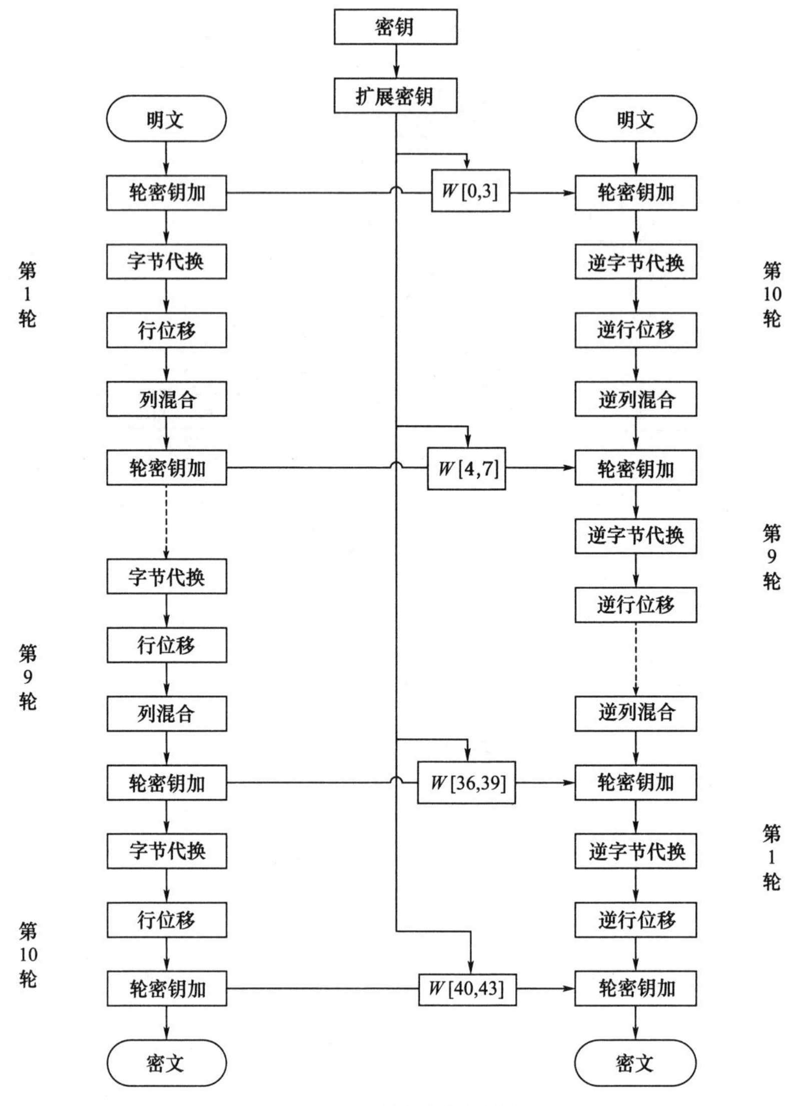

图 4–5　AES 算法流程

由图 4–6 可知，ECB 模式对某个分组的加密或解密可独立于其他分组进行，且密文分组的重排将导致明文分组的重排。ECB 不能隐蔽数据模式，即相同的明文分组会产生相同的密文分组。同时，不能抵抗对分组的重放、嵌入和删除等攻击。因此，不推荐在应用中使用 ECB 模式。

2）CBC 模式。CBC 模式的加密和解密流程如图 4–7 所示。在 CBC 模式下，每个明文分组在加密之前，要先与前一组密文分组按位异或后，再送至加密模块进行加密。其中，*iv* 是一个初始向量，无须保密，但必须随着消息的更换而更换。显然，计算的密文分组不仅与当前明文分组有关，而且通过反馈作用还与以前的明文分组有关。在解密过程中，初始向量 *iv* 用于产生第一个明文输出；之后，前一

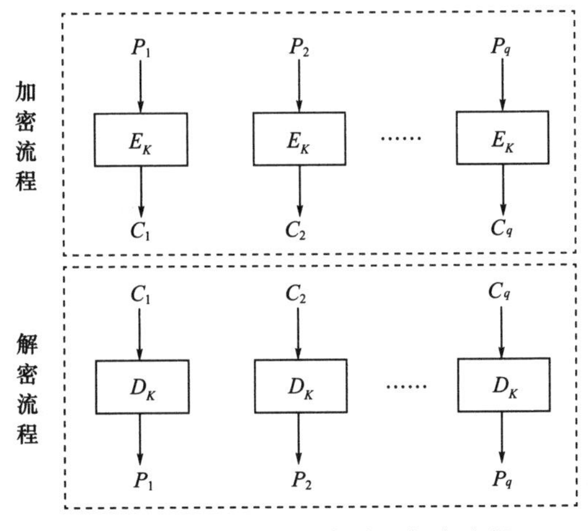

图 4–6 ECB 模式的加密和解密流程

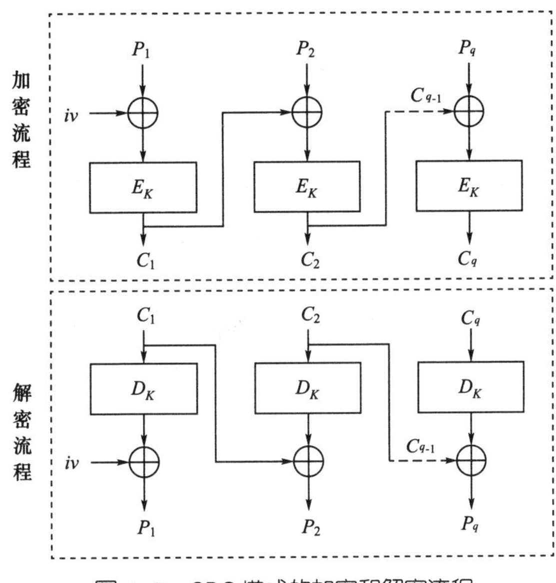

图 4–7 CBC 模式的加密和解密流程

个密文分组与当前密文分组解密运算后的结果进行异或，得到对应的明文分组。

3）CTR 模式。CTR 模式通过将逐次累加的计数器值进行加密来生成密钥流，其加密和解密流程如图 4–8 所示。每个明文分组 P_1，P_2，P_3，…，P_q，分别对应一个逐次累加的计数器值 T_1，T_2，T_3，…，T_q，并通过对计数器值进行加密来生成密钥流。最终的密文分组 C_1，C_2，C_3，…，C_q 是将计数器值加密得到的比特序列与明文分组进行异或得到的。注意，该模式下的消息长度可以不是分组长度的整数倍，即在加密前无须进行填充操作。为了保证每次每个分组的密钥流都是不同的，每次加密用到的计数器值互不相同，即用同一个密钥加密不同消息，要保证一个计数器值只能用一次。

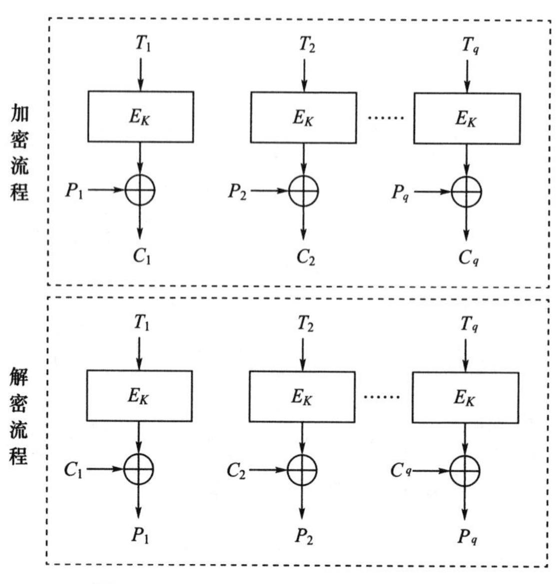

图 4–8　CTR 模式的加密和解密流程

（4）序列密码。同步流密码的关键是密钥流产生器，其基本模型如图 4–9 所示。一般可将其看成一个参数为 k 的有限状态自动机，由一个输出符号集、一个状态集、两个函数 φ 和 ψ 以及一个初始状态 σ_0 组成。关键在于找出适当的状态转移函数 φ 和输出函数 ψ，使输出序列 z 满足相关条件，并且要求在设备上是节省和容易实现的。为了更好地实现混淆、提高安全性，需要采用非线性函数。

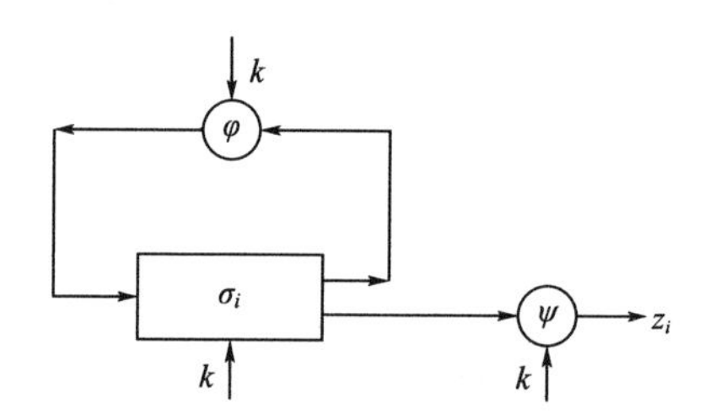

图 4–9　密钥流产生器基本模型

由于具有非线性的 φ 的有限状态自动机理论很不完善，因此相应密钥流产生器的分析工作受到极大的限制。当采用线性的 φ 和非线性的 ψ 时，能够进行深入的分析并可以得到较好的产生器，可将这类产生器分成驱动子系统和非线性组合子系统，如图 4–10 所示。其中，驱动子系统控制产生器的状态转移，并为非线性组合子系统提供统计性能较好的序列。非线性组合子系统要利用这些序列组合出满足要求的密钥流序列。

目前，常见的两种密钥流产生器如图 4–11 所示，其驱动子系统是一个或多个线性反馈移位寄存器 LFSR。

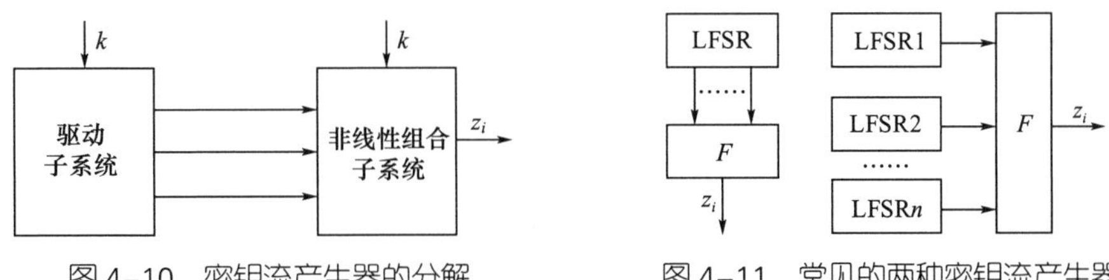

图 4-10 密钥流产生器的分解　　图 4-11 常见的两种密钥流产生器

移位寄存器是流密码产生密钥流的一个主要组成部分，用于提供长周期序列。如图 4-12 所示，GF（2）上的 n 级反馈移位寄存器由 n 个二元存储器与 1 个反馈函数 f（a_1，a_2，⋯，a_n）组成。

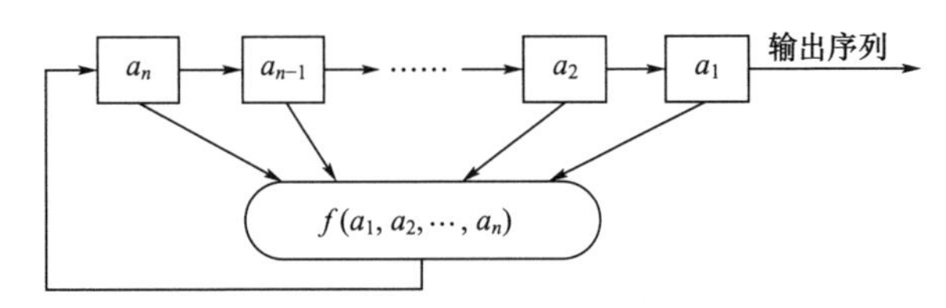

图 4-12 GF（2）上的 n 级反馈移位寄存器

每个二元存储器被称为移位寄存器的一级。在任意时刻，这些级的内容构成反馈移位寄存器的状态，每种状态对应 GF（2）的一个 n 维向量，共有 2^n 种可能的状态。每个时刻的状态可用长度为 n 的序列 a_1，a_2，⋯，a_n 或 n 维向量（a_1，a_2，⋯，a_n）来表示。

2. 国内对称密码算法

（1）SM4 算法。《信息安全技术　SM4 分组密码算法》（GB/T 32907—2016）中提到，SM4 密码算法是一个分组算法，该算法的分组长度为 128 位（比特），密钥长度为 128 位（比特）。加密算法与密钥扩展算法都采用 32 轮非线性迭代结构（非平衡 Feistel 结构）。

迭代加密算法的基本结构如图 4-13 所示。明文分组经过迭代加密函数变换后的输出成为下一轮迭代加密函数的输入，如此迭代 32 轮，最终得到密文分组。每一轮迭代的函数是相同的，不同的是输入的轮密钥。

在安全性上，SM4 算法的密钥长度是 128 位，其安全性与 AES-128 相当，但 AES 相较于 SM4，加密轮数更少，且支持更多的安全强度选择。在实现效率方面，由于 SM4 密钥扩展算法和加密算法基本相同，且解密时可以使用同样的程序，只需将密钥的顺序倒置即可，因此 SM4 算法实现较为简单。而 AES 算法的加密算法与解密算法不一致，实现起来更复杂一些。

（2）ZUC 算法。祖冲之序列密码算法（简称 ZUC 算法）是我国自主设计的流

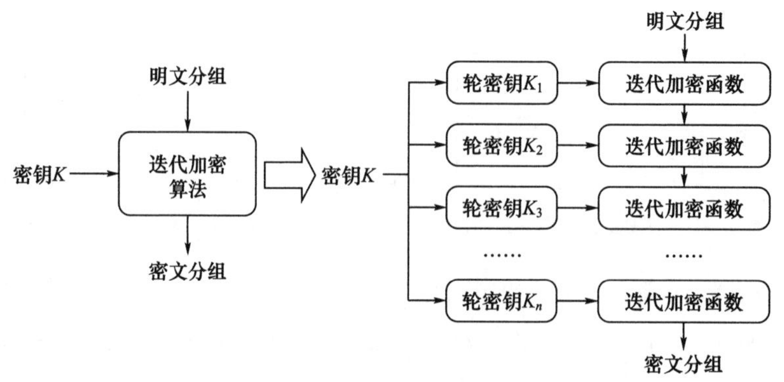

图 4–13　迭代加密算法的基本结构（n=32）

密码算法，相应的国家标准是《信息安全技术　祖冲之序列密码算法　第 1 部分：算法描述》（GB/T 33133.1—2016）。ZUC 算法在逻辑设计上采用三层结构，其中一层是比特重组 BR，如图 4–14 所示。

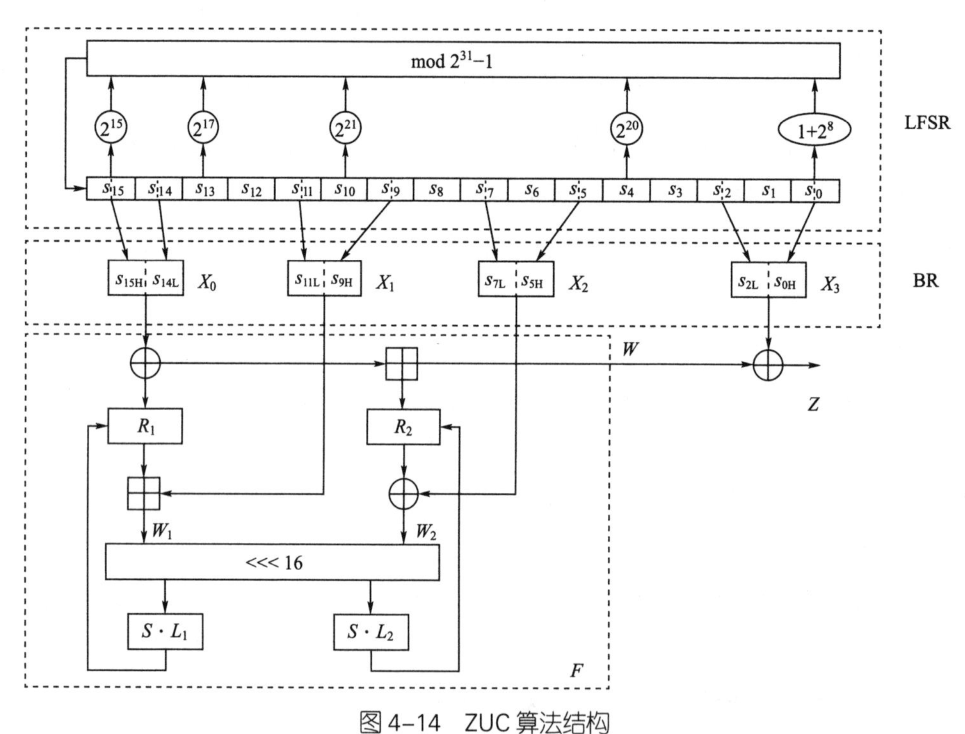

图 4–14　ZUC 算法结构

二、公钥密码算法

1. 国外公钥密码算法

（1）RSA 算法。RSA 算法是基于大整数因子分解难题而设计的，可用于数字签名、安全认证等。具体算法描述如下。

1）密钥生成。选取两个随机的大素数 p 和 q，计算 $n=pq$ 和 $\varphi(n)=(p-1)$

（q−1），选择随机数 i，满足以下条件：i 与 $\varphi(n)$ 互素；计算 $d=i^{-1}\bmod\varphi(n)$；公开（n，i）作为公钥，保留（d，p，q）作为私钥。

2）加密算法。对于明文 p，计算密文 $C=P^e \bmod n$。

3）解密算法。对于密文 C，计算明文 $P=C^d \bmod n$。

（2）ECC 算法。与 RSA 算法相比，ECC 算法使用较短的密钥就可以达到相同的安全程度。具体算法描述如下。

1）密钥生成。系统选取公开参数椭圆曲线 E 和模数 p，方案使用者进行以下操作：任意选取一个整数 k，满足 $0<k<p$；任意选取一个 $A\in E$，然后计算 $B=kA$；输出公钥（A，B），保留私钥 k。

2）加密算法。假设明文 M 是椭圆曲线 E 上的一点。任意选择一个整数 $r\in Z_p$（Z_p 为整数模 p 的剩余类环），然后计算密文（C_1，C_2）=（rA，$M+rB$）。

3）解密算法。计算 $M=C_2-kC_1$。

（3）ElGamal 数字签名方案。ElGamal 数字签名方案的基本元素是素数 α，α 是 q 的原根。

1）用户 A 通过下列步骤产生公钥 / 私钥对。

①生产随机整数 x，使 $1<x<q-1$。

②计算 $y=\alpha^x \bmod q$。

③ A 的私钥是 x，公钥是（q，a，y）。

2）为了对消息 M 进行签名，用户 A（签名方）首先计算哈希值 $m=H(M)$（m 为满足 $0\leqslant m\leqslant q-1$ 的整数），然后通过下列步骤产生数字签名。

①选择随机整数 K，使 $1<K<q-1$ 以及 gcd（K，$q-1$）=1，即 K 与 $q-1$ 互素。

②计算 $S_1=\alpha^K \bmod q$。

③计算 $K^{-1}\bmod(q-1)$，即计算 K 模 $q-1$ 的逆。

④计算 $S_2=K^{-1}(m-xS_1)\bmod(q-1)$。

⑤（S_1，S_2）为 m 的签名。

3）任意用户 B 都能通过下列步骤验证签名。

①计算 $V_1=\alpha^m \bmod q$。

②计算 $V_2=(y)^{S_1}(S_1)^{S_2}\bmod q$。

③如果 $V_1=V_2$，则签名合法。

（4）Schnorr 数字签名方案。Schnorr 数字签名方案是基于离散对数的。该方案的基本元素是素数模 p，且 $p-1$ 包含大素数因子 q，即 $p-1\equiv 0\ (\bmod q)$。一般

取 $p\approx 2^{1\,024}$ 和 $q\approx 2^{160}$，即 p 是 1 024 位整数、q 是 160 位整数，其位数也正好等于 SHA-1 中哈希值的长度。

1）对于私钥为 s、公钥为 v 的用户，通过下列步骤产生签名。

①选择随机整数 r（$0<r<q$），并计算 $x=\alpha^r \bmod p$（α 为素数）。该过程与待签名消息 M 无关，可以在预处理过程计算。

②将 x 附在消息后面一起计算哈希值 $e=H(M\|x)$。

③计算 $y=(r+se) \bmod q$，则 (e, y) 为签名。

2）其他用户通过下列步骤验证签名。

①计算 $x'=\alpha^y v^e \bmod p$。

②验证是否 $e=H(M\|x')$。对于该验证过程，有 $x'\equiv\alpha^y v^e\equiv\alpha^y\alpha^{-se}\equiv\alpha^{y-se}\equiv\alpha^r\equiv x \pmod p$，于是 $H(M\|x')=H(M\|x)$。

（5）NIST 数字签名方案。NIST 发布的数字签名标准算法 DSA，使用安全哈希算法 SHA，这是一种只提供数字签名功能的算法。其有 3 个公开参数为一组用户所共有。首先选择 N 位的素数 q，其次选择一个长度在 512~1 024 位且满足 q 能整除 $(p-1)$ 的素数 p，最后选择形为 $h^{(p-1)/q} \bmod p$ 的 g，如图 4-15 所示。

全局公钥组成

p为素数，$2^{L-1}<p<2^L$，$512\leqslant L\leqslant 1\,024$ 且 L 是64的倍数，即L的长度在512～1 024 位且其增量为64位

q为 $(p-1)$ 的素因子，$2^{N-1}<q<2^L$，即其长度为N位

$g=h^{(p-1)/q} \bmod p$，其中 h 是满足 $1<h<(p-1)$ 且 $h^{(p-1)/q} \bmod p>1$的任意整数

用户的私钥

x 为随机或伪随机整数且$0<x<q$

用户的公钥

$y=g^x \bmod p$

与用户每条消息相关的秘密值

k 为随机或伪随机整数且$0<k<q$

签名

$r=(g^k \bmod p) \bmod q$

$s=[k^{-1}(H(M)+xr)] \bmod q$

签名 $=(r, s)$

验证

$w=(s')^{-1} \bmod q$

$u_1=[H(M')w] \bmod q$

$u_2=(r')w \bmod q$

$v=[(g^{u1}y^{u2}) \bmod p] \bmod q$

检验：$v=r'$

M为待签名消息

$H(M)$为使用SHA-1求得的M的哈希值

M'，r'，s'为接收到的M，r，s

图 4-15　数字签名标准算法 DSA 说明

DSA 是建立在求解离散对数困难性问题以及塔希尔·盖莫尔和克劳斯·彼得·施诺尔最初提出的方法之上的，其公开参数的选择与 Schnorr 数字签名方案完全一样。

（6）椭圆曲线数字签名方案。椭圆曲线数字签名算法（ECDSA）的处理过程如下。

1）参与数字签名的所有通信方都使用相同的全局域参数，用于定义椭圆曲线以及曲线上的基点。

2）生成一对公私钥。签名者先选择一个随机数或伪随机数作为私钥。然后，签名者使用随机数和基点，计算出椭圆曲线上的一个点，作为公钥。

3）利用待签名消息计算其哈希值。使用私钥、全局域参数、哈希值来产生签名。签名包括两个整数，r 和 s。

4）验证者使用签名者的公钥、全局域参数、整数 s 作为输入值，并将计算得到的输出值 v 与收到的 r 进行比较。如果 $v=r$，则签名通过验证。

2. 国内公钥密码算法

（1）SM2 算法。SM2 算法主要包括数字签名算法、密钥交换协议和公钥加密算法 3 个部分。在使用之前，通信方需要事先设定公开参数 p、n、E 和 G。其中，p 是大素数，E 是定义在有限域 GF（p）上的椭圆曲线，G=（x_G，y_G）是 E 上 n 阶的基点。SM2 的加密、解密算法流程分别如图 4–16 和图 4–17 所示。其中，O 是椭圆曲线上的一个特殊点，称为无穷远点或零点，是椭圆曲线加法群的单位元；

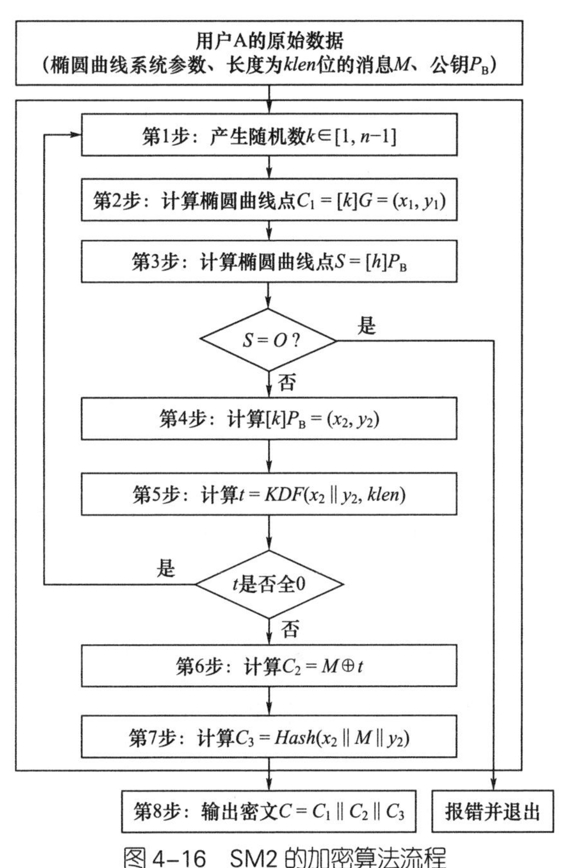

图 4–16　SM2 的加密算法流程

h 是余因子，h=#E（F_q）/n，F_q 是包含 q 个元素的有限域，n 是基点 G 的阶。

SM2 数字签名生成、验证算法流程分别如图 4–18 和图 4–19 所示。

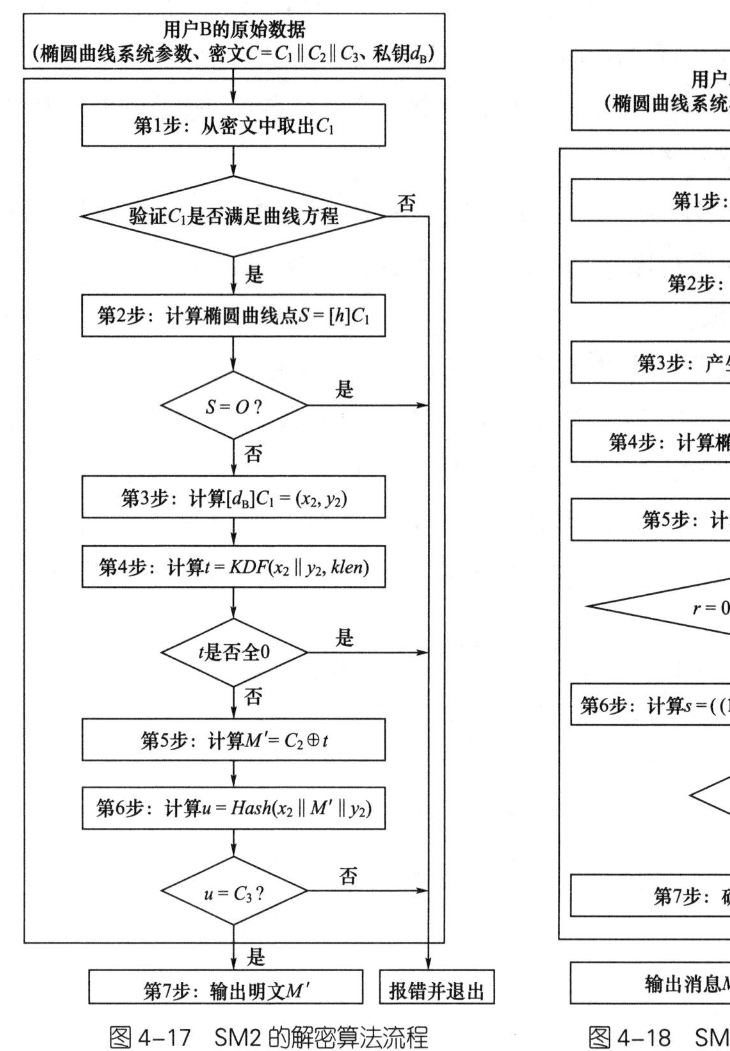

图 4–17　SM2 的解密算法流程　　图 4–18　SM2 数字签名生成算法流程

（2）SM9 算法。2016 年，国家密码管理局发布了 SM9 密码算法的行业标准。SM9 是一种基于标识的公钥密码算法，又称基于身份的公钥密码算法。在商用密码体系中，SM9 算法主要用于用户的身份认证，其加密强度等同于使用 3072 位密钥的 RSA 加密算法。SM9 算法主要用来解决传统公钥密码中证书管理烦琐的问题。在 SM9 算法中，以所基于的身份或标识作为公钥，避免了传统公钥密码需要颁发公钥证书的问题。

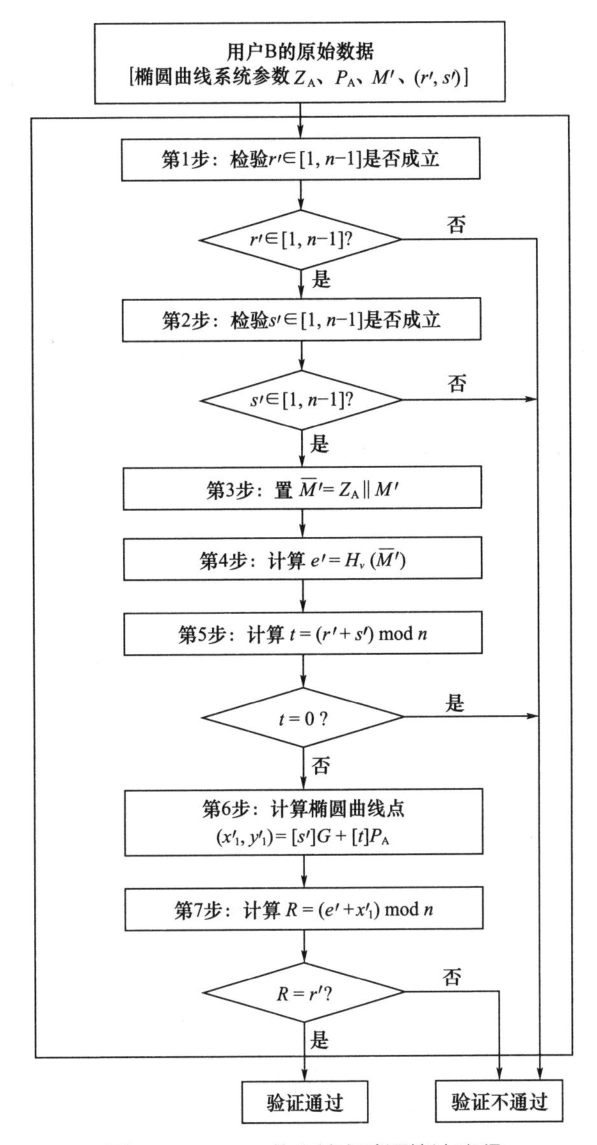

图 4–19　SM2 数字签名验证算法流程

三、杂凑密码算法

1. 国外杂凑密码算法

（1）MD5 算法。MD5 算法首先将输入消息划分成若干个分组，每个分组长度为 512 位。然后再将每个分组划分成 16 个子分组，每个子分组长度为 32 位。经一系列变换后，最终输出长度为 128 位的消息摘要。具体算法描述如下。

1）对消息进行填充。即在消息末尾添加一些额外位来填充消息，使消息长度等于 448 mod 512。

2）添加消息的长度。将消息的长度调整为 mod 64，然后在消息末尾添加 64 位的数字。

3）按 512 位长度对消息进行分组。经过前两步之后，消息长度恰好是 512 的整数倍，因此，可以将消息按照 512 位长度进行分组。

4）将每一个分组再分成 16 个子分组，经过一系列处理生成一个 128 位的散列值。

（2）SHA-2 算法。SHA-2 算法是由 NSA 和 NIST 于 2001 年提出的标准算法。SHA-2 算法支持 224 位、256 位、384 位和 512 位 4 种长度的输出，包含 SHA-224、SHA-256、SHA-384、SHA-512 等多种算法。其中，SHA-256 和 SHA-512 是主要算法，其他算法都是在这两者基础上输入不同的初始值，并对输出进行截断。

SHA-512 算法输入的是最大长度小于 2^{128} 位的消息，输出的是 512 位的消息摘要，且输入消息以 1 024 位的分组为单位进行处理。SHA-512 生成消息摘要的过程如图 4-20 所示。

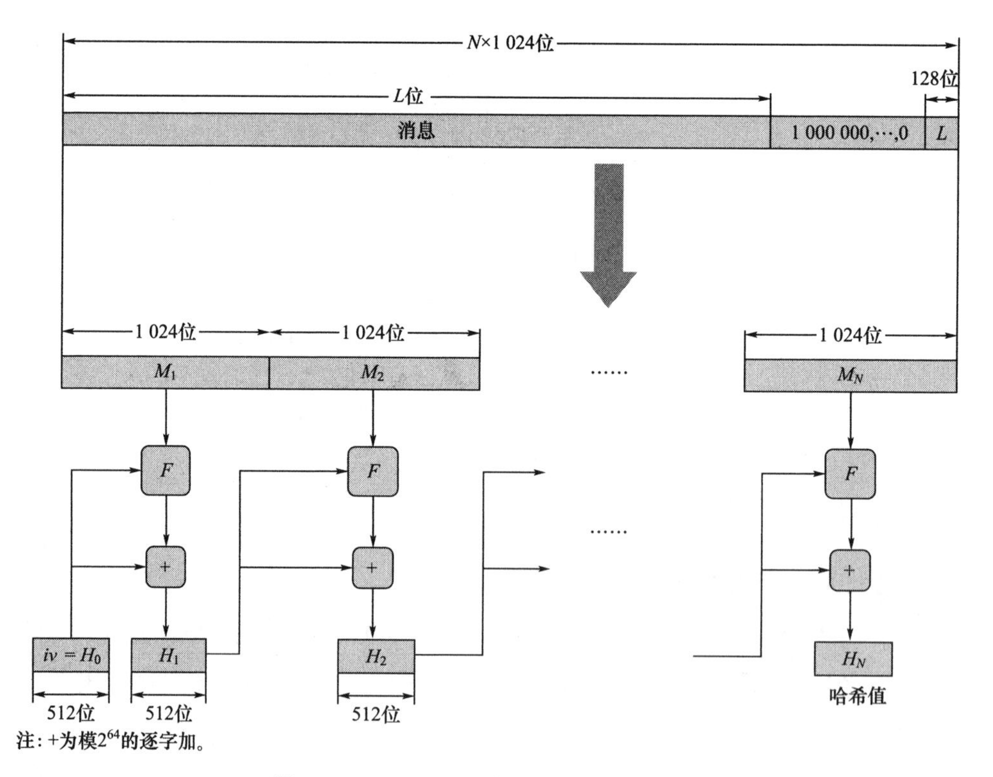

图 4-20　SHA-512 生成消息摘要的过程

1）附加填充位与长度。填充消息使其长度在模 1 024 后与 896 同余。注意，即使消息满足上述长度要求，仍然需要进行填充。然后，在消息后附加一个 128 位的块，将其视为 128 位的无符号整数（最高有效字节在前）。

2）初始化哈希缓冲区。哈希函数的中间结果和最终结果保存在 512 位的缓冲区中，将这些寄存器初始化为某个固定值。

3）处理消息。该算法的核心是具有 80 轮运算的模块，如图 4-21 所示。

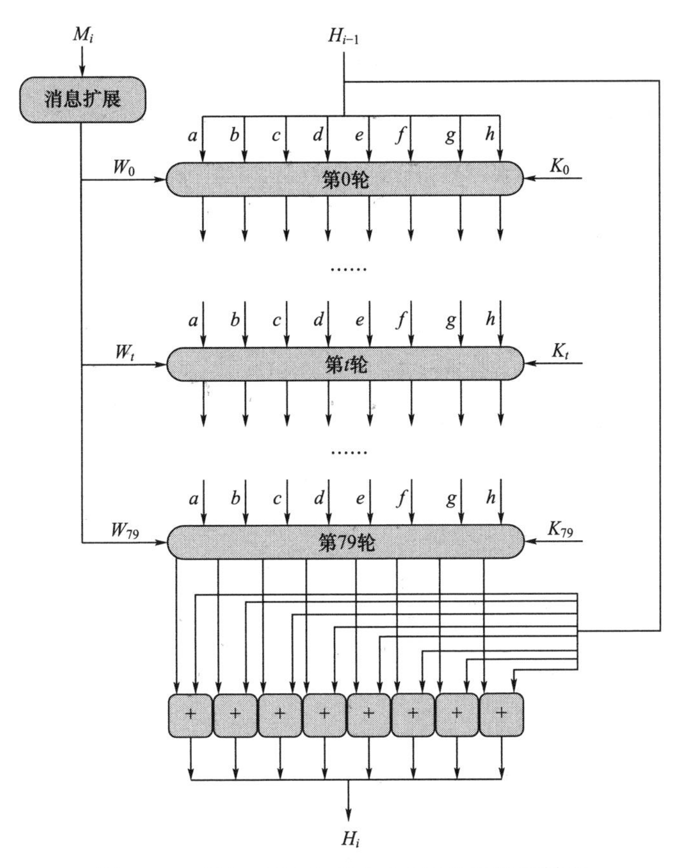

图 4-21　SHA-512 对单个 1 024 位分组的处理

4）输出。所有分组都处理完后，输出 512 位的消息摘要。

2. 国内杂凑密码算法

（1）SM3 算法。2010 年，国家密码管理局公布了密码杂凑算法 SM3。2012 年，SM3 算法的行业标准发布。2016 年，该标准升级为国家标准。2018 年，该标准成为 ISO/IEC 国际标准。SM3 算法具有运算速率高、支持跨平台实现等优点。SM3 算法采用 M-D 模型，输入消息（长度 $L<2^{64}$）经过填充、扩展、迭代压缩后，生成长度为 256 位的杂凑值。SM3 算法的实现过程主要包括填充分组和迭代压缩等

步骤。

（2）HMAC 算法。HMAC 算法是一种消息和密钥公开的哈希函数，它要求所使用的哈希函数具有迭代结构，并反复使用压缩函数将任意长度的消息映射为定长的短消息。

假设 h（ ）是嵌入的哈希函数，m 是输入 HMAC 算法的消息，b 是消息 m 分块后每一块的比特长度，K 是密钥。若 K 的长度小于 b，则在 K 末尾用 0 填充至 b 比特长度，记为 K^+；若 K 的长度大于 b，则 $K^+ = h(K)$。*ipad* 和 *opad* 是 HMAC 算法的两个长度为 b 的固定参数，它们分别是 x36、x5C（十六进制）重复 $b/8$ 的结果。具体算法描述如下。

$$\mathrm{HMAC}_k(m)=h(iv,(K^+\oplus opad)\|h(iv,(K^+ipad)\|m))$$

1）对字长为 b 的密钥 K^+ 与 *ipad* 做异或运算，并将结果字符串填充于消息 m 的数据流中。

2）将哈希函数作用于上一步生成的数据流。

3）对密钥 K^+ 与 *opad* 做异或运算，将结果填充至第一轮哈希函数作用后的数据流中。

4）调用哈希函数作用于上一步的比特流，输出最终的 HMAC 值。

培训课程 3

密码协议知识

一、密钥交换协议

密码协议是指两个或两个以上的参与者在使用密码算法时，为了达到加密保护或安全认证的目的而约定的交互规则。在密码应用系统中，实现不同的安全功能需要不同的密码协议，不同的使用环境也需要不同的安全协议。

1. 基于对称加密的对称密钥分发协议

对于对称加密来说，通信双方必须使用相同的密钥并且该密钥要对其他人保密，在限制攻击者攻陷密钥所需的数据时，频繁的密钥交换是安全的。因此，任何密码系统的强度取决于密钥分发技术，即在想要交换数据的两者之间传递密钥且不给其他人知道的技术。

对于通信双方 A 和 B 而言，密钥的分发能通过以下方式实现。

（1）A 选择一个密钥后以物理的方式传递给 B。

（2）第三方选择密钥后也以物理的方式传递给 A 和 B。

（3）如果 A 和 B 先前或者最近使用过一个密钥，则一方可以将新密钥用旧密钥加密后发送给另一方。

（4）如果 A 和 B 到第三方 C 有加密连接，C 可以在加密连接上传送密钥给 A 和 B。

密钥的分发需要综合考虑密钥分层控制、会话密钥生命周期、分布式密钥控制 3 个方面的情况。

2. 基于非对称加密的对称密钥分发协议

公钥加密系统的效率较低，所以几乎不会用于大数据块的直接加密，而是常用于小块数据的加密。公钥密码系统的重要应用之一是密钥的加密分发，下面介绍其分发方案。

（1）简单密钥分发方案。简单密钥分发方案如图 4–22 所示。如果 A 想要和 B 通信，则需要按下列步骤进行。

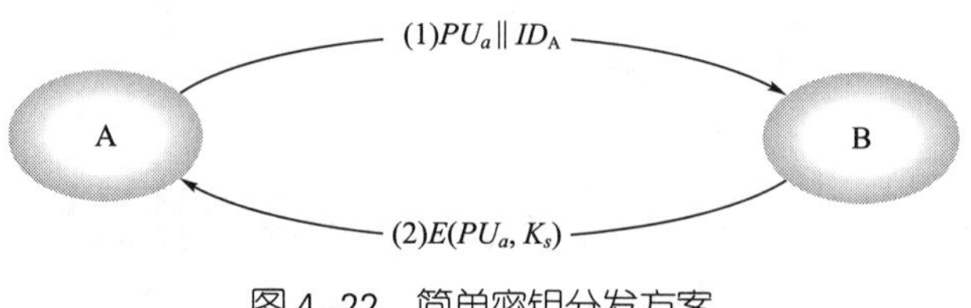

图 4–22　简单密钥分发方案

1）A 产生一个公私钥对（PU_a，PR_a），然后发送包含 PU_a 和 A 的标识符 ID_A 的消息给 B。

2）B 产生密钥 K_s，用 A 的公钥加密后发送给 A。

3）A 计算 D（PR_a，E（PU_a，K_s）），从而恢复密钥，因为只有 A 能解密该信息，故只有 A 和 B 知道 K_s。

4）A 丢弃 PR_a 和 PU_a，B 丢弃 PU_a。

（2）确保机密性和身份认证的密钥分发方案（见图 4–23）。该方案可以防止主动、被动攻击，保证交换密钥过程的机密性和身份认证。

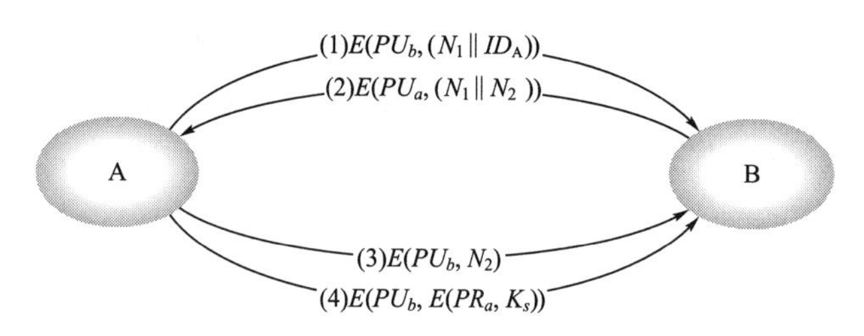

图 4–23　确保机密性和身份认证的密钥分发方案

1）A 用 B 的公钥去加密包含 A 的标识符 ID_A 和一个临时交互号 N_1 的消息，并将其发送给 B。临时交互号被用来唯一标记该次消息传递。

2）B 用 PU_a 加密包含 A 的临时交互号 N_1 及 B 产生的新的临时交互号 N_2 的消息，并将其发送给 A。

3）A 使用 B 的公钥加密后返回 N_2，使 B 确定消息来自 A。

4）A 选择密钥 K_s 后，发送 M=E（PU_b，E（PR_a，K_s））给 B，并用 B 的公钥加密确保只有 B 可以读取该消息，以及用 A 的私钥加密确保只有 A 可以发送该消息。

5）B 计算 D（PU_a，E（PR_b，M）），从而恢复密钥 K_s。

3. 公钥分发协议

（1）公开发布公钥。从表面上看，公钥密码的特点是公钥可以公开，因此，如果有像 RSA 这样的被人们广泛接受的公钥算法，那么任何一个通信方都可以将其公钥发送给另一个通信方或广播给通信各方。虽然这种发送比较简便，但是有一个较大的缺点，即任何人都可以伪造这种公钥并且公开发布。也就是说，某个用户可以假冒用户 A，并将一个公钥发送给通信的另一方或广播该公钥。在用户 A 发现这种假冒情况并通知其他用户之前，该假冒者可以读取本应该发送给 A 的加密消息，并且可以用伪造的密钥进行认证。

（2）公开可访问目录。维护一个动态可访问的公钥目录可以获得更大程度的安全性。通常由某可信的实体或组织负责对这个公开目录进行维护和分配。公开可访问目录方案如图 4–24 所示。

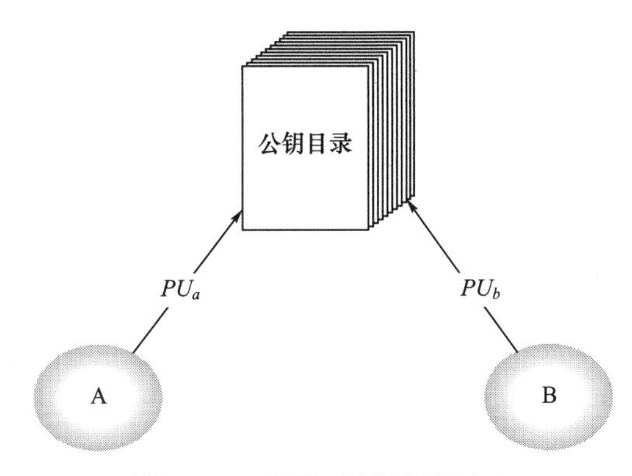

图 4–24 公开可访问目录方案

1）目录管理员通过为每个通信方建立一个目录项来维护该目录。

2）每个通信方通过目录管理员来注册一个公钥，且必须亲自注册或通过安全认证通信来注册。

3）通信方在任何时刻都可以用新的密钥替代当前密钥。用户希望更换公钥，可能是因为公钥已用于大量数据，也可能是因为相应的私钥已经泄露。

4）通信方也可以访问该目录，为了实现这一目标，必须有从目录管理员到通信方的安全认证通信。

（3）公钥证书。通信双方可以使用公钥证书来交换密钥而不是通过公钥管理员。在某种意义上，这种方案与直接从公钥管理员处获得密钥的可靠性相同。公钥证书包含公钥和公钥拥有者的标志，整个数据块由可信的第三方进行签名。通常，第三方是证书管理员，如政府机构或者金融机构，其被用户群所信任。一个用户以某种安全的方式将其公钥交给管理员，进而获得一个证书，接着该用户就可以公开证书。任何需要该用户公钥的人都可以获得该证书，通过查看附带的可信签，通信的一方可以通过传递证书的方式将其密钥信息传递给另一方。其他通信各方可以验证该证书确实是由证书管理员生成的。

（4）公钥授权。针对公钥目录的不足，可以对其运行方式进行安全优化，引入认证功能对公钥访问进行控制，加强公钥分配的安全性。与公钥目录方法类似，公钥管理机构将经其私钥签名的被请求公钥回送给用户；在其收到经公钥管理机构签名的被请求公钥后，用已掌握的公钥管理机构的公钥对签名实施验证，以确定该公钥的真实性，同时还要用时间戳或一次性随机数避免伪造和重放用户的公钥，保证分发公钥的新鲜性。请求者可以把已认证的所有其他用户公钥存于本地磁盘上，以备再用时不必重新请求，但请求者必须定期联系公钥管理机构，以防漏掉对存储用户公钥的更新。

二、实体鉴别协议

1. 单向鉴别和相互鉴别

单向鉴别是指使用该机制时两个通信实体只有一方被鉴别，相互鉴别是指两个通信实体运用相应的鉴别机制对彼此进行鉴别。单向鉴别根据消息传递的次数，分为一次传递鉴别和两次传递鉴别；相互鉴别根据消息传递的次数，分为两次传递鉴别、三次传递鉴别或更多次传递鉴别。如果采用时间值或序列号，则单向鉴别需要一次传递，而相互鉴别需要两次传递。

（1）一次传递鉴别。一次传递鉴别只需要进行一次消息传递过程。身份声称者 A 向验证者 B 发送能证明自己身份的 $Token_{AB}$，由 B 来进行鉴别。为了防止重放攻击，一次传递鉴别的 *Token* 中应包含时间值 T_A 或序列号 N_A。

（2）两次传递鉴别。为了防止重放攻击，一次传递鉴别需要双方保持时间同步，或者鉴别方验证序列号没有重复，这在一些情况下是难以实现的。采用“挑战–响应”机制可以有效解决这个问题，即采用两次传递单向鉴别机制，如图 4–25 所示。鉴别时，由 B 发起鉴别过程，将随机数 R_B 作为挑战发送给 A（并选择性地发送一个文本字段 $Text_1$），A 通过对称加密、计算密码校验值或者私钥签名的方法计算出 $Token_{AB}$，并将其发送给 B 作为自己身份的证明，B 通过对称解密、重新计算密码校验值或者签名验证的方法验证 $Token_{AB}$ 的有效性，从而对 A 的身份进行鉴别。$Token_{AB}$ 的计算和验证过程与一次传递过程类似，主要变化是将一次传递过程中用于防重放攻击的因子 T_A 或 N_A 换为 R_B。

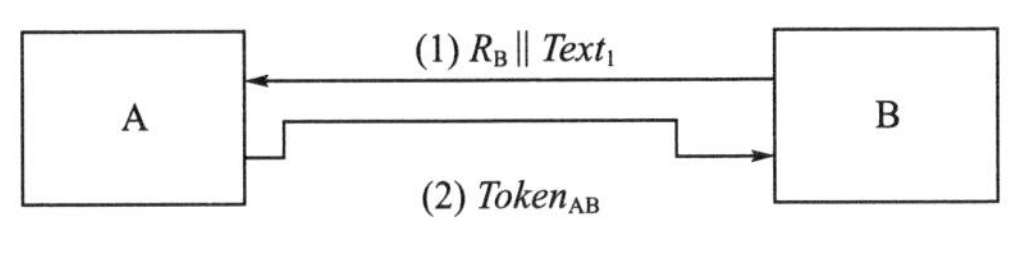

图 4-25 两次传递单向鉴别机制

2. Kerberos 认证协议

（1）Kerberos 协议简介。Kerberos 是一种计算机网络授权协议，用来在非安全网络中，对个人通信以安全的手段进行身份认证。在一个开放的分布式网络环境中，用户通过工作站访问服务器提供的服务。服务器应能够限制非授权用户的访问，并能够鉴别服务请求。通常工作站存在以下 3 种威胁。

1）一台工作站上的一个用户可能冒充另一个用户操作。

2）一个用户可能改变一台工作站的网络地址，从而冒充另一台工作站工作。

3）一个用户可能窃听他人的信息交换，并用重放攻击获得对一台服务器的访问权或中断该服务器的运行。

上述威胁可以归结为：一个非授权用户能够获得其无权访问的服务或数据。Kerberos 不是为每台服务器构造一个身份鉴别协议，而是通过一台中心鉴别服务器，提供用户到服务器和服务器到用户的鉴别服务。

（2）Kerberos 组成成分。KDC（key distribution center，密钥分发中心）负责整个安全认证过程的票据生成管理，具体包含两项服务，AS（authentication service，身份验证服务）和 TGS（ticket granting service，票证授予服务）。假设某个客户端（client）想访问某台服务器（server），而这台服务器用于提供某种业务。那么，AS 为客户端发放 TGT（ticket granting ticket，认证票据），TGS 为客户端生成服务票据（service tickets）。而 AD（active directory，活动目录）存储所有客户端的白名单，只有在白名单上的客户端才能顺利申请到 TGT。

（3）Kerberos 认证过程。客户端向 Kerberos 提出请求，希望获取访问服务器的权限。Kerberos 收到这个消息后，首先判断客户端是否可信赖，也就是判断客户端是在白名单上还是在黑名单上。以上是 AS 完成的工作，即通过在 AD 中存储的黑名单和白名单来区分客户端。上述工作成功完成后，AS 返回 TGT 给客户端。客户端得到 TGT 后，继续向 Kerberos 提出请求，希望获取访问服务器的权限。Kerberos 收到这个消息后，通过消息中的 TGT，判断出客户端拥有这个权限，于是由 TGS 给予客户端访问服务器的服务票据。客户端在得到服务票据后，才可以成功访问服务器。注意，这个服务票据只是针对这个服务器的，其他服务器的服务票据需要再向 TGS 申请。

三、综合密码协议

1. IPSec 协议

IPSec（internet protocol security，互联网安全协议）是国际互联网工程任务组IETF（the Internet Engineering Task Force），以征求意见稿形式公布的一组 IP 密码协议集，其基本思想是将基于密码技术的安全机制引入 IP 协议中，实现网络层的通信安全。IPSec 实际上是一套协议集合，而不是一个单独的协议。它为网络层上的通信数据提供一整套的安全保障体系，包括 IKE（internet key exchange，互联网密钥交换）协议、AH（authentication header，鉴别头）协议、ESP（encapsulating security payload，封装安全负载）协议和用于网络身份鉴别及加密的一些算法等。从工作流程上看，IPSec 可以分为两个环节：IKE 是第一个环节，即完成通信双方的身份鉴别，确定通信时使用的 IPSec 安全策略和密钥；第二个环节是使用数据报文封装协议和 IKE 协议中协定的 IPSec 安全策略和密钥，实现对通信数据的安全传输。

下面简要介绍 IKE 协议、AH 协议和 ESP 协议的安全机制。

（1）IKE 协议。IPSec 协议包含一个密钥管理协议 IKE 协议，该协议用于鉴别通信双方身份、创建安全联盟、协商加密算法以及生成共享会话密钥等。ISAKMP（internet security association and key management protocol，互联网安全关联和密钥管理协议）是 IKE 协议的核心，它定义了建立、协商、修改和删除安全联盟 SA 的过程和报文格式，并定义了密钥交换数据和身份鉴别数据的载荷格式。ISAKMP 的一个核心功能就是创建和维护 SA，并将其作为通信双方的一种协定，ISAKMP 是 IPSec 协议的基础。IPSec 协议的另外两种封装协议（AH 和 ESP）均使用 SA 中协定的内容保护通信安全。

（2）AH 协议。AH 协议提供数据源身份鉴别、完整性校验和抗重放攻击等安全服务。其主要作用是为整个 IP 数据报文（IP 头和 IP 载荷）提供高强度的完整性校验，以确保被篡改过的数据包能被检查出来。AH 协议使用 MAC 算法对 IP 数据报文进行认证，最常用的 MAC 算法是 HMAC 算法，而 HMAC 算法对 IP 数据报文处理所用的密钥就是 IKE 协定中用于验证完整性和数据源身份的会话密钥。

（3）ESP 协议。与 AH 协议相比，ESP 协议增加了对数据报文的加密功能，它可以同时使用用于加密的会话密钥及用于验证完整性和数据源身份的会话密钥，因而能为数据提供全面保护。ESP 协议的安全功能更为全面，相关标准规定可以单独使用 ESP 协议，并同时选择机密性和数据源身份鉴别服务；当 ESP 协议和 AH 协议结合使用时，无须 ESP 协议提供数据源身份鉴别服务，而是由 AH 协议提供该项安全服务。由于单独使用 ESP 封装方式时，不会对数据报文的 IP 头进行认证，因此这种情况支持 NAT（network address translation，网络地址转换）穿越。

2. SSL/TLS 协议

SSL（secure socket layer，安全套接字层）协议是网络上实现数据安全传输的一种通用协议，采用浏览器 / 服务器（B/S）结构是 SSL 协议的一种典型实现方式。SSL 协议的安全功能和 IPSec 协议类似，具有数据加密、完整性保护、数据源身份鉴别和抗重放攻击等功能。

SSL 协议分为两层。SSL 协议工作于应用层和 TCP 层之间，上层有握手协议等更高层协议，下层是记录层协议。记录层协议用于封装更高层协议的数据，为数据提供机密性、完整性保护和数据分段等服务。SSL 协议中定义了 3 个更高层协议，即握手协议、密码规格变更协议和报警协议。其中，握手协议实现了服务器和客户端之间的相互身份鉴别，以及交互过程中密码套件（加密算法、杂凑算法和密钥交换算法的集合）与密钥协商；密码规格变更协议用于通知对方，其后的通信消息将由刚刚协商的密码规格及相关联的密钥来保护；报警协议用于关闭连接的通知，以及对整个连接过程中出现的错误进行报警。

3. HTTPS 协议

HTTPS 协议是以安全为目标的 HTTP 通道，在 HTTP 的基础上通过传输加密和身份认证保证传输过程的安全性。HTTPS 协议的安全基础是 SSL/TLS 协议。HTTPS 使用不同于 HTTP 的默认端口，并在 HTTP 与 TCP 之间插入一个加密 / 身份验证层。HTTP 提供身份验证与加密通信方法，被广泛应用于万维网上安全性敏感的通信，如交易支付等。

培训课程 4 密钥管理知识

一、概述

密钥管理的好坏决定了整个密码体系安全性的好坏。密钥管理的目的是维持系统中各实体之间的密钥关系，保证整个密码体系具有一定的安全性。

1. 密钥生命周期

（1）密钥生成。密钥生成是密钥生命周期的起点，所有密钥都应直接或间接地根据随机数生成。密钥的生成方式包括随机数直接生成、通过密钥派生函数（key derivation function，KDF）生成。

1）随机数直接生成。随机数是一种二元随机序列，是由“0”和“1”组成的比特串，安全的随机数具有随机性、独立性和不可预测性等性质。随机数由随机数产生器产生，分为伪随机数和真随机数。伪随机数是通过某种伪随机数生成算法生成的一个数值序列，该序列服从指定的正态分布。真随机数是通过物理现象（抛硬币、核裂变、电子元件噪声等）和计算机系统噪声生成的。由随机数直接生成是密钥的主要生成方式，此时，密钥的安全性直接取决于随机数产生器的质量。注意，需要使用国家主管部门批准的随机数产生器进行密钥生成。在使用随机数直接作为密钥时，应检查密钥是否符合算法要求，必要时进行调整或者重新生成新的随机数作为密钥。

2）通过密钥派生函数生成。在实际应用场景中，密钥可能不是由随机数直接生成的，而是由某个秘密值派生的。该秘密值与其他相关数据（如随机数、计数器等）一同作为密钥派生函数的输入，由 KDF 生成指定长度的密钥。KDF 的设计应保证通过派生的密钥无法推断出秘密值本身；同时，必须保证通过某个派生的密钥无法推断出其他派生的密钥。KDF 一般利用对称密码算法或密码杂凑算法实现密钥生成。

（2）密钥存储。为了保证密钥存储安全，可以将密钥存储在核准的密码产品中；或者在对密钥进行机密性和完整性保护后，将其存储在通用存储设备（如数据库）中。需要指出的是，并非所有密钥都需要存储，一些临时密钥或一次一密的密钥在使用完就要立即销毁。

（3）密钥导入与导出。密钥导入与导出是指密钥在密码产品中的进与出。既可以在同一个密码产品中进行密钥的导入与导出（用于密钥的外部存储、备份和归档），也可以将密钥从一个密码产品导出后再导入到另一个密码产品中（用于密钥的分发）。为了保证密钥的安全性，密钥一般不能明文导出到密码产品外部。安全的密钥导入与导出方式包括加密传输和知识拆分。

（4）密钥分发。密钥分发主要用于不同密码产品之间的密钥共享。根据分发方法，密钥分发主要分为人工（线下）分发和自动（在线）分发。这两者的主要区别在于：人工分发需要人的参与，即在线下通过面对面等方式完成密钥的安全分发；自动分发一般借助密码技术在线自动完成密钥分发。

（5）密钥使用。用于核准的密码算法的密钥，不能再被非核准的密码算法使用，因为这些算法可能导致密钥泄露。特别注意，不同类型的密钥不能混用，一个密钥不能用于不同用途（如加密、签名等）。此外，虽然不需要保护公钥的机密性，但在使用前需要验证公钥的完整性，以及实体与公钥的关联关系，以确保公钥来源的真实性。

（6）密钥备份与恢复。密钥备份的主要目的是保护密钥的可用性，作为密钥存储的补充，以防密钥意外损坏。密钥备份与密钥存储非常类似，只不过备份的密钥处于不激活状态（即不能直接用于密码计算），只有完成恢复后才可以激活。密钥备份需要保护备份密钥的机密性、完整性及其与拥有者身份和其他信息的关联关系。一般将备份的密钥存储在外部存储介质中，需要有安全机制保证只有密钥拥有者才能恢复密钥明文。密钥备份或恢复时应进行记录，并生成审计信息。审计信息应包括备份或恢复的主体、备份或恢复的时间等。

（7）密钥归档。出于解密历史数据和验证历史签名的需要，有些不在生命周期内的密钥可能需要持续保存。注意，签名密钥对的私钥不应进行归档。

（8）密钥终止与销毁。当密钥到期时，必须停止运用该密钥，并替换新密钥。对于停止运用的密钥，一般并不要求立即销毁，而要保存一段时间后再销毁。这样做是为了保证受其保护的其他密钥和数据得以妥善处理。密钥只要没被销毁，就必须对其进行保护。

销毁是密钥生命周期的终点。密钥生命周期结束后，要对原始密钥进行销毁，并根据情况重新生成密钥，完成密钥更换。进行密钥销毁时，应删除所有密钥副本（不包括归档的密钥副本）。密钥销毁主要有两种情况：一是正常销毁，在设计的使用截止时间自动对密钥进行销毁；二是应急销毁，在密钥被泄露或存在泄露风险时进行密钥销毁。

2. 密钥管理系统层次结构

根据实际业务需求的不同，密钥管理系统需要对多种密钥进行管理，包括用于加密数据的密钥（会话密钥）、用于加密密钥的密钥（密钥加密密钥）、用于数字签名的密钥（私钥）、用于数字签名验证的密钥（公钥）等。为了实现对密钥的高效管理，密钥管理系统通常采用层次化的结构。三层密钥管理层次结构如图 4–26 所示，它是密钥管理系统常用的结构之一。

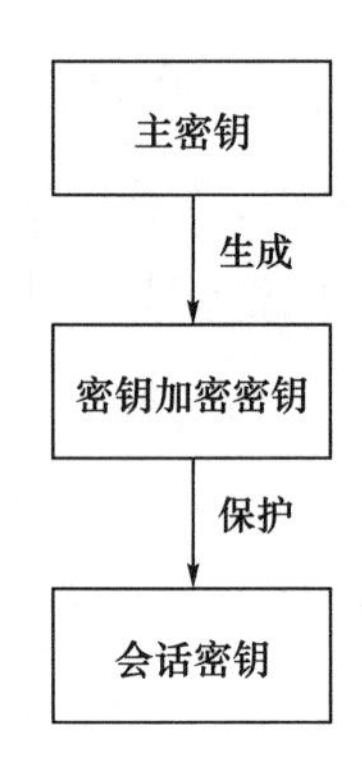

图 4–26　三层密钥管理层次结构

在图 4–26 中，该系统共包含 3 种密钥，分别是主密钥、密钥加密密钥和会话密钥。其中，主密钥的功能是生成密钥加密密钥，密钥加密密钥的功能是保护会话密钥，会话密钥的功能是对信息或数据进行加密和解密。每个层次的密钥会根据不同的保密需求，使用不同的密钥协议进行密钥的交换和分发。

3. 密钥管理原则

（1）完全安全原则。在进行密钥管理时，需要对密钥的整个生命周期进行完全的安全管理。密钥的安全性遵循“木桶原理”，其整体安全性是由整个生命周期中最脆弱的阶段所决定的。

（2）最小权力原则。在一个密码系统中，在用户进行业务操作时，只允许其获取完成该操作所需的最少密钥。

（3）责任分离原则。在密码系统中，确保一个密钥只负责一件事务，避免多种不同类型的事务共用同一个密钥，即使它们使用相同的密码算法。

（4）密钥分级原则。对于大规模密码系统来说，密钥具有数量庞大和种类繁多等特点，因此需要采用密钥分级的思想，由高层级的密钥对低层级的密钥进行保护，最大化地实现自动化的密钥管理过程。

（5）密钥更新原则。对于最低层级的密钥，需要进行频繁的更换，以确保同一个密钥不会因为长时间使用而降低安全性，避免攻击者通过获取使用相同密钥进行加密的大量密文进行密码学攻击。

二、对称、非对称密钥管理

1. 对称密钥管理

在点到点结构中，通信双方在进行通信之前，首先使用物理传递的方式共享一个 KEK（key encryption key，密钥加密密钥）。点到点结构的对称密钥分发过程如图 4-27 所示。在进行通信时，假设发送方为 Alice，接收方为 Bob，对称密钥分发的具体过程如下。

（1）Alice 首先生成数据密钥 *DK*，并使用 *KEK* 将 *DK* 进行加密，然后 Alice 将 *DK* 的密文发送给 Bob。

（2）Bob 在收到 *DK* 的密文后，使用 *KEK* 进行解密，得到明文密钥 *DK*。

（3）Alice 和 Bob 共享一个会话密钥 *DK*，并使用该密钥对通信内容进行加密。

（4）在通信结束后，Alice 和 Bob 终止 *DK* 的生命周期，并将其销毁。

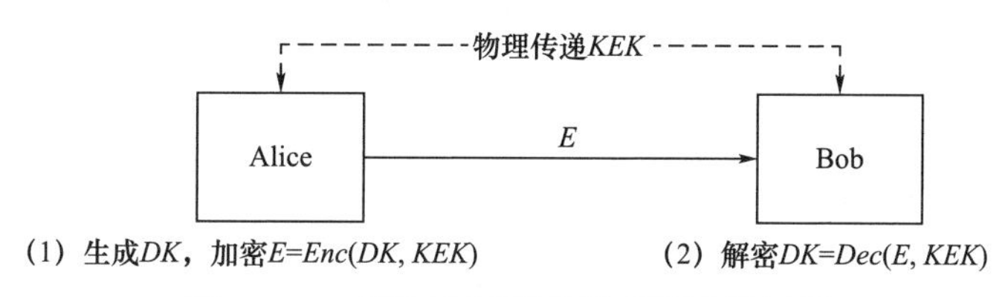

图 4-27　点到点结构的对称密钥分发过程

为了解决大量终端之间的密钥加密密钥共享问题，可以引入可信的第三方机构，通常将其称为密钥分发中心 KDC。密钥分发中心是基于密钥层次体系的，最少需要两个密钥层。两个终端系统之间的通信使用临时密钥（通常是指会话密钥），而加密会话密钥往往用在逻辑连接中，如帧的转发或传输连接。终端用户通信所使用的会话密钥从密钥分发中心得到，因此，会话密钥可以用密钥分发中心与终端系统或者用户共有的主密钥加密后再进行传送。在基于密钥分发中心的结构中，每个终端和 KDC 之间使用物理传递的方法共享一个密钥加密密钥，终端与终端之间在通信前不需要进行任何操作。因此，对于一个包含 n 个终端的网络，总共需要人工分发 n 个密钥加密密钥。

在 Alice 和 Bob 进行通信时，假设 Alice 和 KDC 之间的密钥加密密钥为 KEK_A，Bob 和 KDC 之间的密钥加密密钥为 KEK_B。数据密钥 *DK* 可以由通信的发送方 Alice 生成，也可以由 KDC 生成。图 4-28 和图 4-29 分别描述了以上两种 *DK* 生成方式。

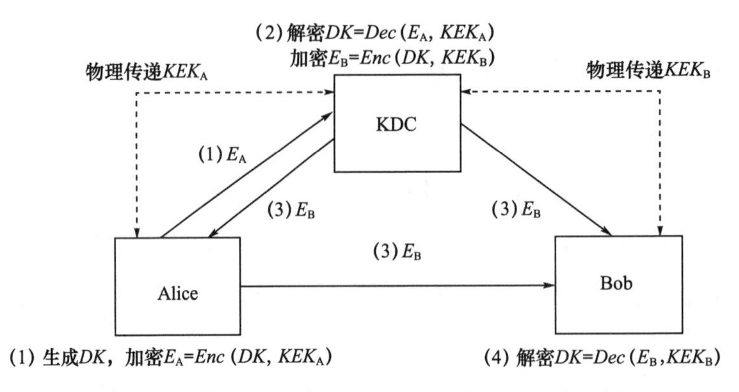

图 4-28　基于密钥分发中心 KDC 的 *DK* 生成方式 1

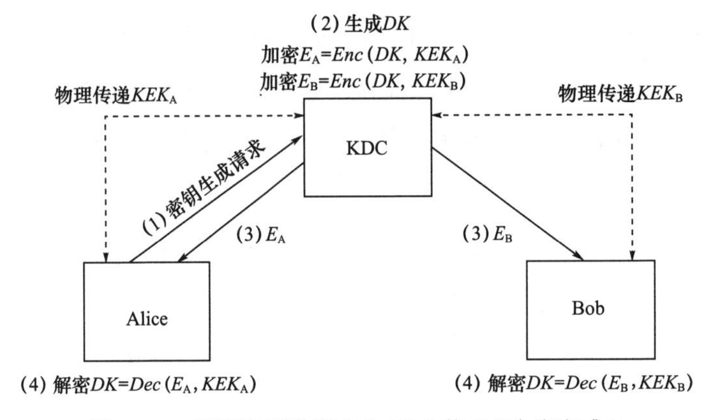

图 4-29　基于密钥分发中心 KDC 的 *DK* 生成方式 2

2. 非对称密钥管理

（1）传统分发方案。相对于对称加密算法，公钥加密算法的效率普遍较低，因此几乎不会用其直接加密规模较大的数据，而通常用其加密规模较小的数据，如加密对称密钥。拉尔夫·默克尔在 1979 年提出一种简单的密钥分发方案，该方案可以利用公钥密码学实现快速的数据密钥分发。默克尔密钥分发方案如图 4-30 所示。

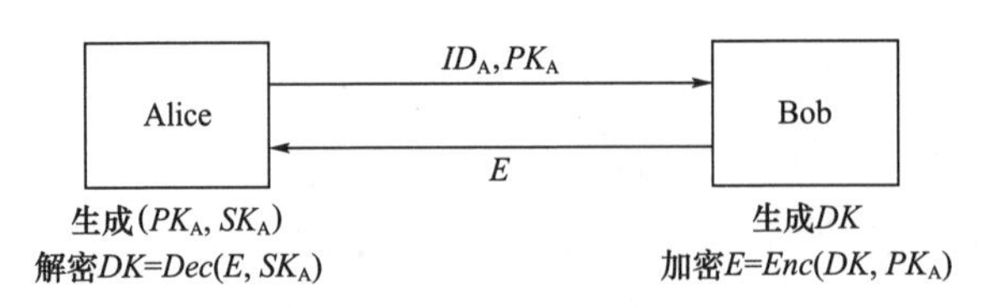

图 4-30　默克尔密钥分发方案

假设 Alice 和 Bob 需要进行安全通信，该方案的分发步骤具体如下。

1）Alice 生成公钥密码算法的密钥对（PK_A，SK_A），其中，PK_A 是公钥，SK_A

是私钥。然后，Alice 将 PK_A 和自己的身份标识符 ID_A 发送给 Bob。

2）Bob 使用随机数生成数据密钥 DK，并使用 Alice 的公钥进行加密，得到密文 $E=Enc(DK, PK_A)$，$Enc(\ )$ 是公钥加密算法。然后，Bob 将 E 发送给 Alice。

3）Alice 使用私钥将 E 进行解密，得到明文 $DK=Dec(E, SK_A)$，$Dec(\ )$ 是公钥解密算法，此时，Alice 和 Bob 共享了相同的数据密钥 DK。

4）Alice 销毁密钥对（PK_A，SK_A），Bob 销毁公钥 PK_A，并使用 DK 加密要进行通信的信息。

5）在通信结束后，Alice 和 Bob 销毁 DK。

（2）公钥基础设施。公钥基础设施（public key infrastructure，PKI）是用来实现安全公钥分发的普适性基础设施。其主要由硬件、软件、人员和管理策略组成。PKI 的主要功能是通过数字证书解决公钥属于哪个实体的问题。

（3）公钥证书方案。公钥证书（public key certificate，PKC）是一种包含持证主体标识、持证主体公钥等信息，并由可信签证机构签署的信息集合。公钥证书主要用于确保公钥的安全，以及公钥与用户标识符之间绑定关系的安全。这个公钥就是证书所标识的主体的合法公钥。公钥证书的持证主体可以是人、设备、组织机构或其他主体。公钥证书以明文的形式进行存储和分配。任何用户只要知道签证机构的公钥，就能检查证书签名的合法性。如果检查结果是合法，那么用户就可以相信证书所携带的公钥是真实的。任意用户只要获得目标用户的证书，就可以获得目标用户的公钥。任意用户只要获得 CA（certificate authority，证书颁发机构）的公钥，就可以验证证书的真伪，从而安全地获得用户的公钥。因此，公钥证书为公钥的分发奠定了基础，是公钥密码在大型网络系统中应用的关键技术。

三、典型的密钥管理系统、电子认证系统示例

密码应用基础设施是数字时代密码应用的基础支撑，其主要通过密钥管理系统和电子认证系统实现网络空间统一的密钥管理服务和证书管理服务。

1. 密钥管理系统

（1）系统组成。密钥管理系统利用密码技术保障密钥全生命周期的安全。通过密钥管理系统，可以对电子认证系统及信息系统进行完整的密钥管理，满足以非对称密钥体系或对称密钥体系为主的密钥管理要求。

密钥管理系统主要包括非对称密钥管理系统、对称密钥管理系统、密码设备管理系统、密码合规性管理系统、密码应用有效性管理系统以及级联系统。密钥

管理系统对全网使用的密码密钥、密码设备、密码模块等进行管理。

（2）逻辑结构。密钥管理系统支持 SM1、SM2、SM3、SM4 密码算法，由对称密钥服务与管理、非对称密钥服务与管理、密码设备管理、综合管理平台、级联系统 5 部分组成。密钥管理系统逻辑结构如图 4–31 所示。

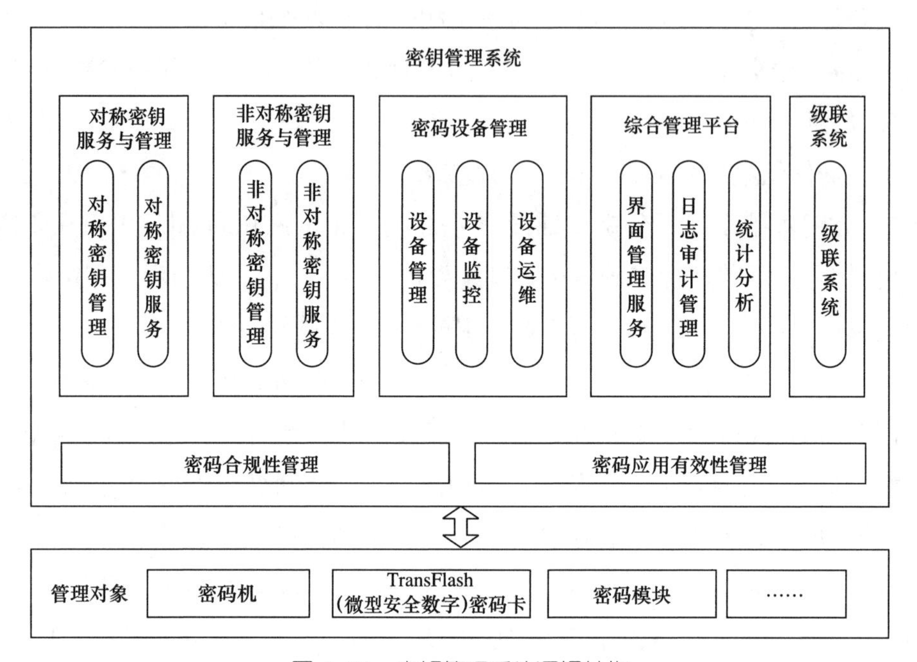

图 4–31　密钥管理系统逻辑结构

2. 电子认证系统

（1）系统组成。电子认证系统主要由根证书签发系统、证书签发系统、证书注册审核系统、证书状态查询系统等组成。电子认证系统主要实现对数字证书的全生命周期管理，是维护相关方网络合法权益、提高网络与信息安全保障能力的重要手段。电子认证系统支持人员证书、设备证书的签发，包括将证书信息写入智能密码钥匙等硬件密码设备以及移动智能终端软证书等。

电子认证系统的实现与公钥基础设施有着紧密的联系。电子认证系统是用于验证用户身份的系统，通过密码、生物识别等方式确保只有授权用户才能访问电子服务。公钥基础设施是一套管理数字证书和密钥对的规则和技术框架，提供加密、签名等安全服务。公钥基础设施为电子认证系统提供密钥管理和数字证书的支持，使电子认证过程更安全、可靠。电子认证系统侧重用户身份验证，公钥基础设施则是实现这一目标的关键技术基础。

（2）逻辑结构。电子认证系统逻辑结构如图 4–32 所示。

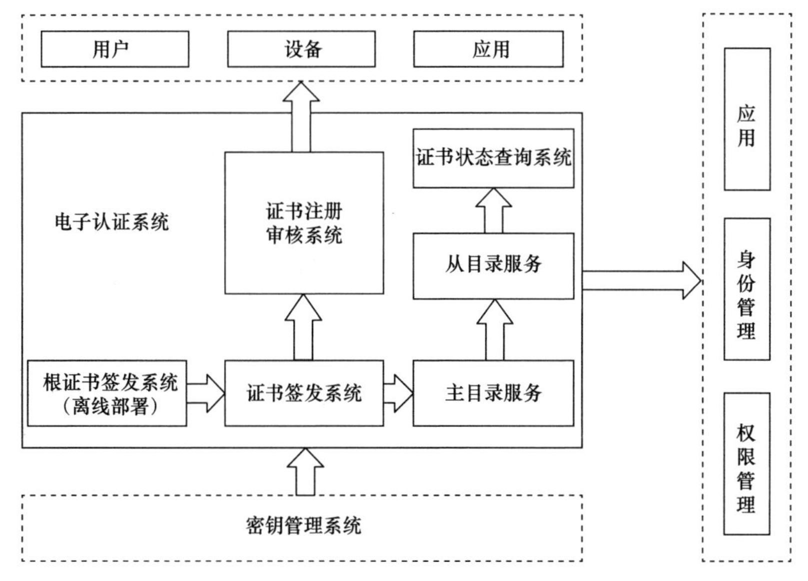

图 4–32　电子认证系统逻辑结构

培训课程 5 典型密码产品基本原理

一、单一密码产品

1. 按产品功能分类

（1）密码算法类。密码算法类产品主要是指提供基础密码运算功能的产品，包括密码芯片等。密码芯片主要用于实现各类密码算法及相应的安全功能。密码芯片可以分为两类：第一类以实现密码算法逻辑为主，一般不涉及密钥或敏感信息的安全存储，通常称为算法芯片；第二类在第一类的基础上增加密钥和敏感信息存储等安全功能，其作用相当于一个“保险柜”，即最重要的算法数据都存储在芯片中，加密和解密的运算是在芯片内部完成的，因此，通常称其为安全芯片。

（2）数据加解密类。数据加解密类产品主要是指提供数据加解密功能的产品，包括服务器密码机、云服务器密码机、VPN 设备、加密硬盘等。

（3）认证鉴别类。认证鉴别类产品主要是指提供身份鉴别等功能的产品，包括认证网关、动态口令系统、签名验证服务器等。

（4）证书管理类。证书管理类产品主要是指提供证书产生、分发、管理功能的产品，包括证书认证系统等。

（5）密钥管理类。密钥管理类产品主要是指提供密钥产生、分发、更新、归档和恢复等功能的产品，包括密钥管理系统等。密钥管理类产品常以系统形态出现，通常包括产生密钥的硬件。

（6）密码防伪类。密码防伪类产品主要是指提供密码防伪验证功能的产品，包括电子印章系统、支付密码器、时间戳服务器等。

（7）综合类。综合类产品是指提供含上述产品功能的两种或两种以上的产品，包括自动柜员机密码应用系统等。

2. 按产品形态分类

（1）软件。软件是指以纯软件形态出现的密码产品，如信息保密软件、密码算法软件、数字证书认证系统软件等。

（2）芯片。芯片是指以芯片形态出现的密码产品，如算法芯片、安全芯片等。安全芯片一般是指用于实现密码功能的专用芯片。

（3）模块。模块是指将单一芯片或多芯片组装在同一块电路板上，具有专用密码功能的产品，如加解密模块、安全控制模块等。

（4）板卡。板卡是指以板卡形态出现的密码产品，如智能 IC 卡（集成电路卡）、智能密码钥匙、密码卡等。

（5）整机。整机是指以整机形态出现的密码产品，如网络密码机、服务器密码机等。

（6）系统。系统是指以系统形态出现，由密码功能支撑的产品，如证书认证系统、密钥管理系统等。

二、综合密码系统

1. 密码服务系统

密码服务系统通过对底层密码应用系统进行统一管理，对外提供统一的密码服务接口，为应用系统提供接入认证、权限控制、负载均衡、日志审计和使用情况展示等服务，实现密码服务的弹性、便捷、可扩展和管理可视化。密码服务系统组成如图 4–33 所示。图中 SDK 是指软件开发工具包。

密码服务系统在密码设备管理与服务平台的统一管控下，实现安全接入网关以及租户管理、应用接入管理、密码资源和资产管理等，同时为密码服务提供基础支撑。密码服务系统采用微服务架构，对密码服务基础支撑设施、系统的功能进行抽象封装，提供密码运算服务、密钥管理服务、密码设备管理服务、身份认证服务等，并在这些服务的基础上，结合应用需求进一步贴近应用进行抽象封装，形成签章服务、文件安全服务、数据库安全服务等。通用密码中间件将密码服务的能力采用标准统一的接口，以 API 或 SDK 的形式向安全应用提供。密码服务系统采用松耦合的方式，为包括密码监管平台、安全运营平台等外部管控系统提供统一的管理和监控接口，支持其密码监管、服务的开通与暂停等功能。

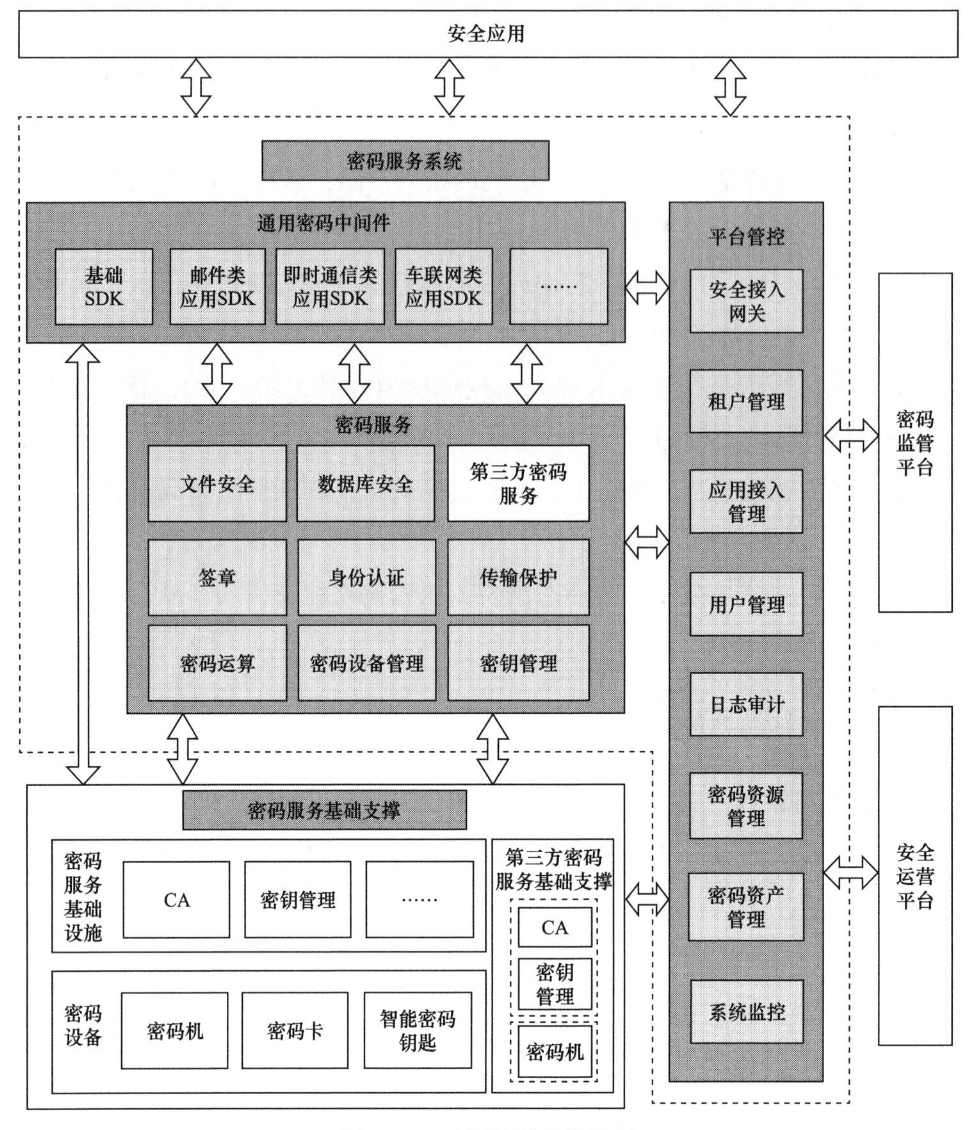

图 4-33　密码服务系统组成

2. 信任服务系统

信任服务系统主要由统一身份管理、授权管理、身份认证、访问控制、单点登录服务、电子印章、责任认定、可信时间服务等子系统组成，向下依托密码基础设施及密码运算系统，向上支撑密码服务系统，提供信任服务相关能力。信任服务系统逻辑结构如图 4-34 所示。

（1）统一身份管理系统。统一身份管理系统构建网络空间统一身份标识，提供应用信息管理、设备信息管理、用户信息管理、身份信息发布等管理与服务。

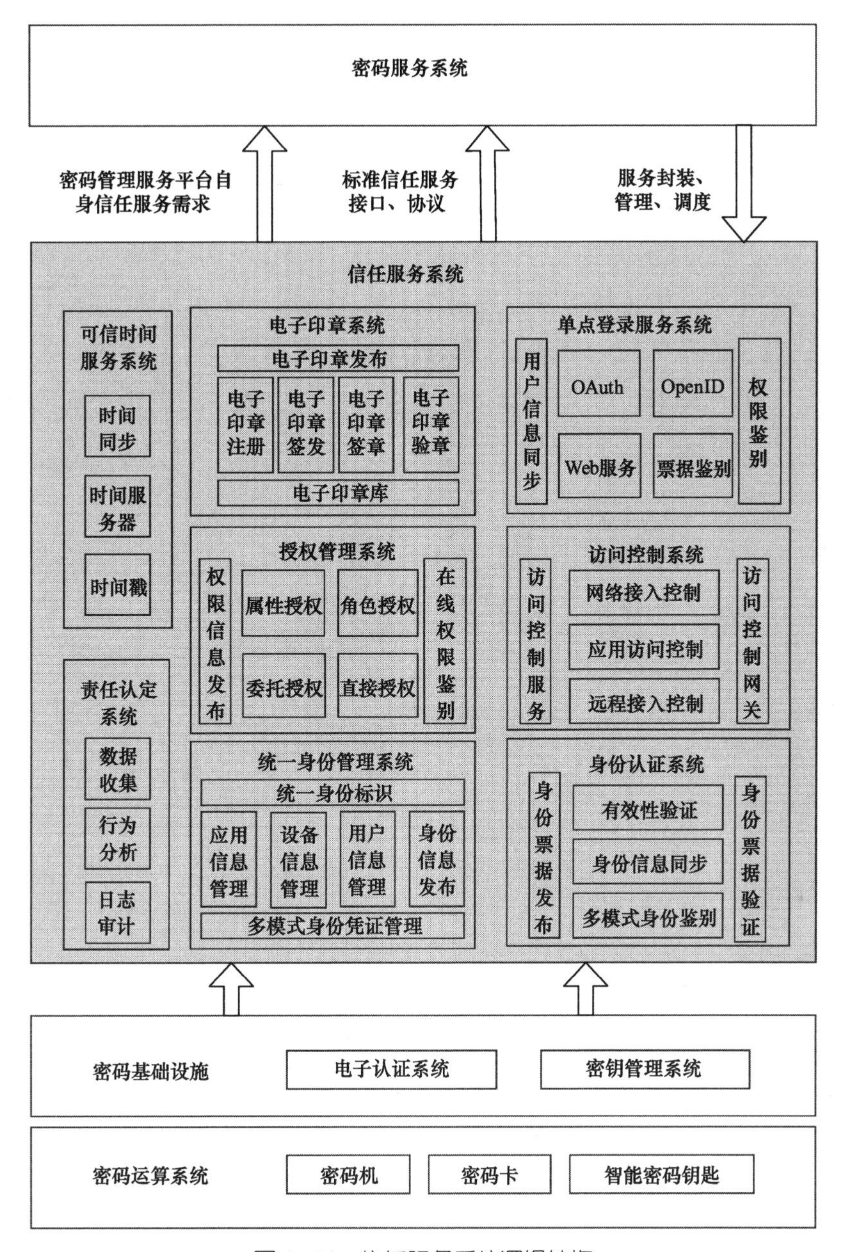

图 4-34 信任服务系统逻辑结构

（2）授权管理系统。授权管理系统根据所需资源对应用访问或网络接入等请求生成权限信息。例如，授权管理系统能发布鉴权服务，为访问控制系统提供在线权限鉴别功能。

（3）身份认证系统。身份认证系统提供用户身份认证服务、用户实名验证服务、应用身份认证服务，确保用户访问应用系统时其用户身份、应用身份的真实性。

（4）访问控制系统。访问控制系统基于策略下载权限信息进行访问控制，具有网络接入控制、应用访问控制、远程接入控制等功能。

（5）单点登录服务系统。单点登录服务系统提供支持 Web 应用、C/S 应用、APP 应用等多种应用类型的单点登录服务，使用户只需登录一次就可以访问所有的应用系统。

（6）电子印章系统。电子印章系统遵循相关标准，推进电子印章管理设施的建设，构建电子印章的统一管理机制，具有电子印章的注册、签发、签章、验章管理等功能，并面向互联网用户提供验章公共服务，支持日常办公、办文、办事以及线上业务审批过程的签章、验章应用；遵循物理印章的管理方式，对电子印章的申请、审核、制作、发布、发放、备案、冻结、更换、注销全流程进行统一管理，保障电子印章的合法化，实现电子印章的统一管理。

（7）责任认定系统。责任认定系统主要为区域内网络活动提供数据收集、行为分析、日志审计服务。

（8）可信时间服务系统。可信时间服务系统在 CA 的支撑下，为所有网络与安全设备、信任服务系统、综合安全监管系统、业务系统服务器等提供基准时间同步服务，支持通过时间服务代理为密码设备、重要业务服务器提供安全时间同步服务，支持为业务应用及安全审计日志提供时间戳服务，保证用户行为及网络事件的时间特征可信。

培训课程 6 密码应用典型案例

一、电子政务领域应用

1. 案例背景

政务云密码安全研究目前处于起步阶段，还未形成专门的标准规范。在政务云建设初期会进行顶层规划和设计，但政务云密码应用则缺乏顶层设计牵引，往往梳理不清密码需求，缺少完善的密码安全保障体系，从而导致密码技术在政务云中的应用仅体现在具体的安全点，未构建体系化的密码应用模式，且存在密码应用不广泛、不规范等问题，难以发挥全方位、多层次、纵深度的密码安全效能。另外，当前许多电子政务系统通过集成现有密码机等硬件设备实现云上系统的密码保护，但传统硬件密码设备的使用方式不适合云计算环境，因为政务云的许多基础软件是基于国外开源软件的，且部分政务云提供的密码服务在身份鉴别、链路加密、数据存储等方面还是采用国外密码算法，不满足合规性要求。政务云密码应用模式如图 4–35 所示。

2. 案例简介

政务云运用云计算技术，统筹利用已有的机房、算法、存储、网络、应用、信息资源等，发挥云计算虚拟化、高可靠性、高通用性、高可扩展性及快速、按需、弹性服务等特征；采用密码机、云密码机建立统一密码硬件支持平台，在 PC 端采用 USB 密钥加密锁（U 盾）、在手机端采用手机盾，实现终端密码可靠支撑能力；采用 VPN 等设备提供传输链路加密，保障数据传输安全；建立统一 CA 数字证书系统、密钥管理系统、手机盾密码系统、电子签章服务器、签名验证服务器以及进行统一认证等，实现云上业务应用系统的身份鉴别、数据加密、抗抵赖性和完整性保护等功能，为政府提供综合服务平台。政务云对促进政府管理创新和建设服务型政府意义重大。

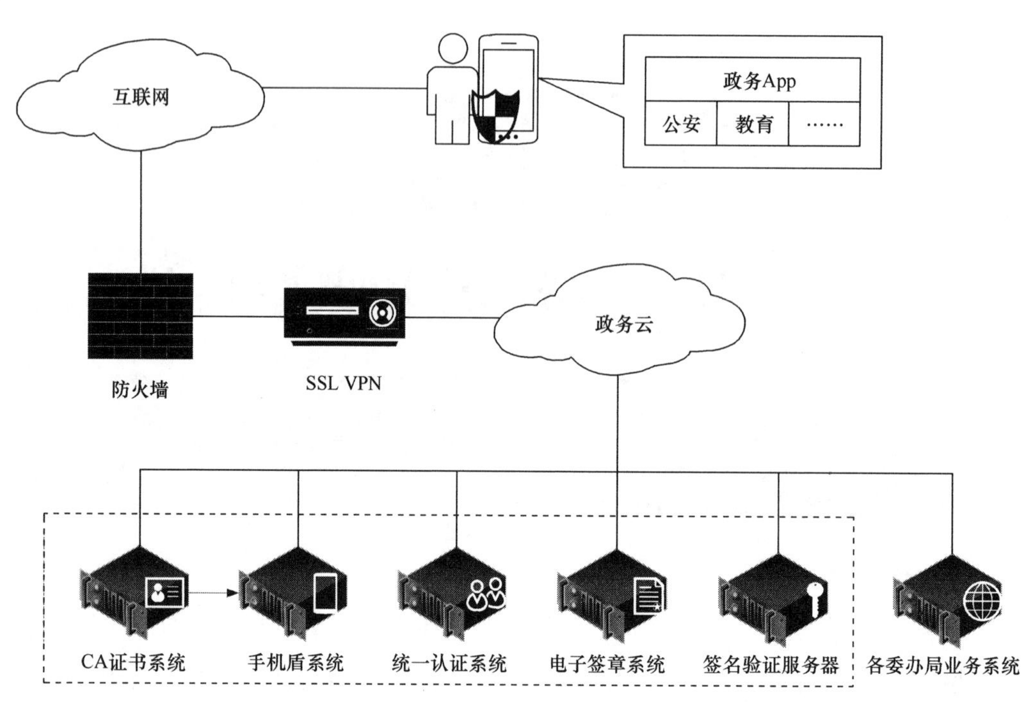

图 4-35　政务云密码应用模式

3. 案例实施情况

根据合规性需求和政务云平台密码应用需求，密码云总体框架如图 4-36 所示。它能提供密码服务支撑和密码应用保障，实现安全接入、安全通信、安全存储、安全交换及国密应用支撑的业务需求。

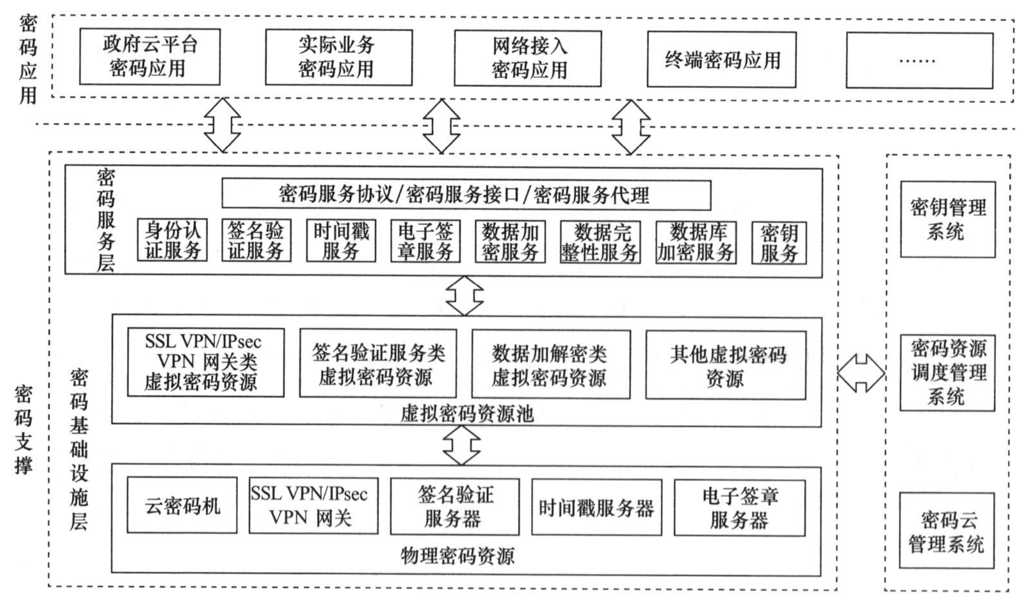

图 4-36　密码云总体框架

在密码基础设施层部署云密码机、SSL VPN/IPsec VPN 网关、签名验证服务器、时间戳服务器、电子签章服务器等密码设施，通过密码资源虚拟化，实现虚拟密码资源池。虚拟密码资源池为云平台及云租户分别提供独立的密码资源，云密码服务中间件通过接口或代理形式提供密码服务功能。例如，云密码资源及网络资源的管理部署由密码资源调度管理系统统一完成；密钥管理由密钥管理系统提供统一集中的密码运算服务与密钥管控，对密钥数据进行管理操作，包括密钥的生成、查询、分发、标记、更新、吊销、删除、销毁、归档、导入、导出、标签管理等操作。密码云能实现对政府云平台、实际业务、网络接入、终端等方面密码应用的支撑。

4. 案例实施效果

政务云平台汇集和处理大量的政府公共敏感数据、个人隐私等重要数据，存在被泄露或被盗用的风险。数据从采集、预处理、传输、存储、分析、共享到销毁全生命周期的各个环节都存在安全风险，但本例中的密码云总体框架可以有效实现重要数据的机密性、完整性保护，防止被非法查看、恶意篡改等。政务云平台的密码需求除了体现在数据安全、身份鉴别、远程管理等方面外，还体现在密码资源集中部署及虚拟化、与云密码资源之间的安全通信、密钥管理等方面。

二、金融领域应用

1. 案例背景

金融安全是国家安全的重要组成部分。信息化浪潮推动了金融领域深层次的变革与创新，信息技术的广泛应用极大地促进了金融业务的发展。各类金融信息系统不同程度地涉及用户个人属性、资金交易、合同等敏感信息，给金融信息安全带来极大的风险。目前，金融行业一直是商用密码应用的积极实践者和先行者。

2. 案例简介

无论是传统的以柜面业务和自动取款机、刷卡机为主的线下交易，还是以互联网等开放式网络环境为主的网上银行交易，都不同程度地涉及用户资金等敏感信息，相关的核心系统、网银系统、支付系统、金融 IC 卡及外围系统等都需要使用密码进行保护。银行密码应用总体框架如图 4–37 所示。核心的密钥管理系统对外承担组织管理、方案管理、对象管理、密钥管理、设备管理、审计管理等工作，提供 IC 卡密钥服务和数据准备密码服务。

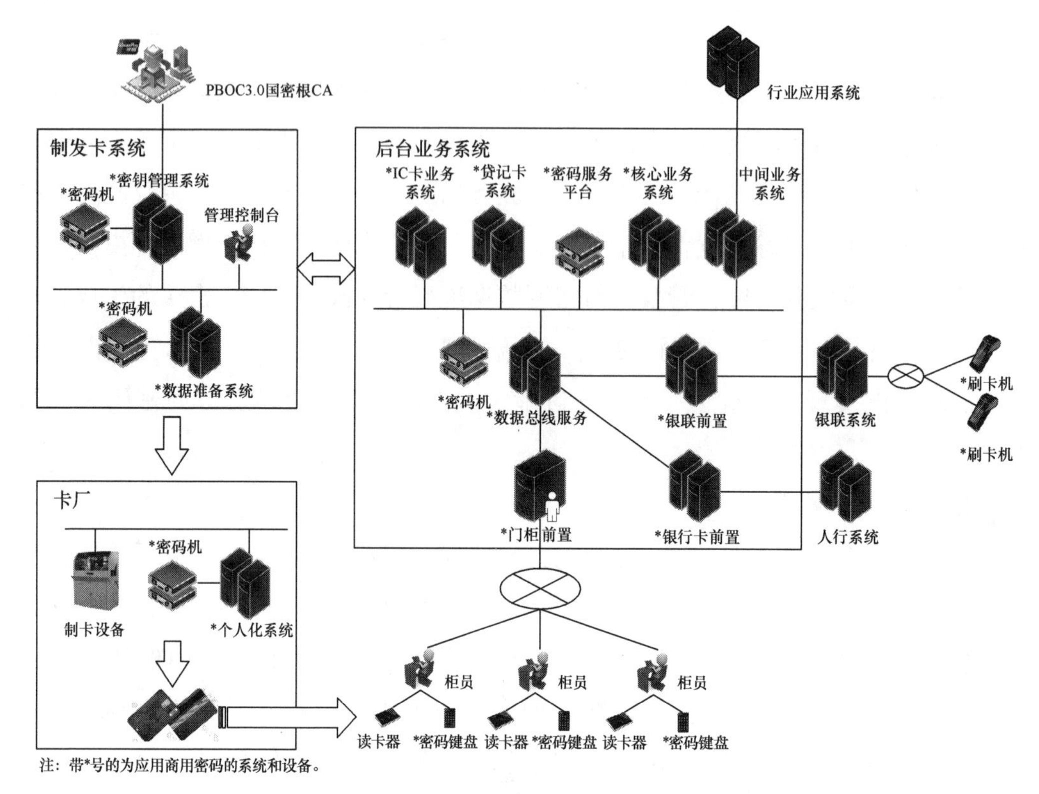

图 4–37　银行密码应用总体框架

3. 案例实施情况

电子支付系统的商用密码应用需求，包括实现非银行支付机构的安全电子支付，采用安全保障措施保护电子支付关键数据的安全，实现针对支付各方身份进行真实性鉴别，实现针对交易关键数据进行信息保护。电子支付系统模型如图 4–38 所示，该模型主要以 PKI/CA、数字证书、数字签名等技术为基础，采用手机盾安全系统，建立“人 - 设备 - 应用”三位一体的安全认证体系，为交易支付以及线上开户、在线签约、金融数据共享等金融创新业务提供安全支撑。

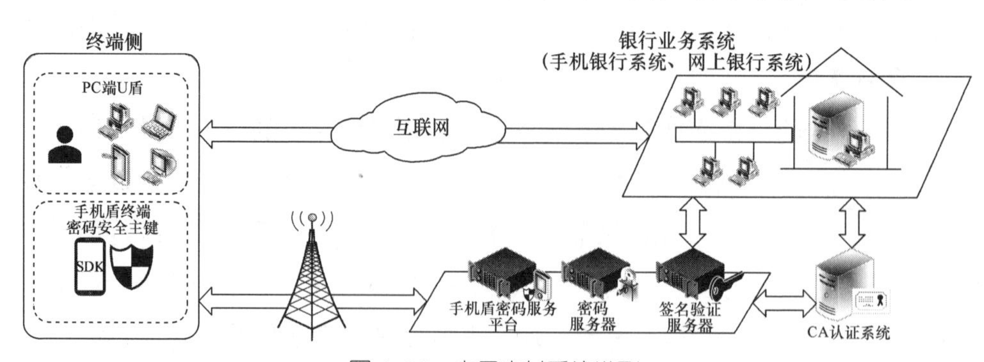

图 4–38　电子支付系统模型

典型的安全需求包括：支付接入安全，即参与支付过程的各关联方必须表明身份；支付交易认证，即非银行支付机构必须确认支付发起方就是支付账户的所有者，或由支付账户所有者授权；支付过程中敏感信息的安全，即保证敏感信息的机密性和完整性；支付指令抗抵赖，即指令的发出必须经过账户所有者（签名）确认，或经过其明确授权由被授权人发出且被授权人必须对此进行（签名）确认；支付数据通信安全，即保证支付数据的机密性和完整性；完备的密钥管理体系，即能够确保用户所用密钥的全生命周期安全。

4. 案例实施效果

电子支付系统商用密码应用保障框架建立在电子支付系统模型之上，依据电子支付系统的商用密码应用需求进行设计，提供认证管理服务、密码基础服务、密钥管理服务等。该保障框架分为支付终端侧、支付平台侧、金融渠道 3 个部分。其中，支付平台侧由电子支付服务系统与密码服务系统组成，支付终端侧由电子支付服务系统客户端与终端密码服务模块组成。

三、能源领域应用

1. 案例背景

随着国家智能电网技术的逐步推进，电力系统的信息化水平日益提高。为了实时、全面地掌握电力用户的用电信息，自 2009 年以来，国家电网公司按照“统一规划、统一标准、统一实施”的原则推动智能电能表应用和用电信息采集系统（以下简称“用采系统”）建设。

2. 案例简介

用采系统是对电力用户（包括专变 / 专线用户、公变台区总表、低压用户）的用电信息进行采集、处理和实时监控的系统，是智能电网的重要组成部分，用于实现用电信息自动采集、在线计量、费控管理、有序用电管理、电能质量监测、数据发布、采集运维监测、用电分析等重要功能，是电力行业的重要工业控制系统和信息系统。用采系统总体框架，如图 4–39 所示。其中 GPRS 是指通用分组无线服务，CDMA 是指码分多路访问。

3. 案例实施情况

建设密码基础设施为用采系统的网络安全防护提供密码支撑，并将密码技术融入用采系统的用采主站层、通信信道层、终端设备层，可实现用户身份的真实性保护、通信信道的安全性保护、传输数据的完整性和机密性保护，保障用电信息

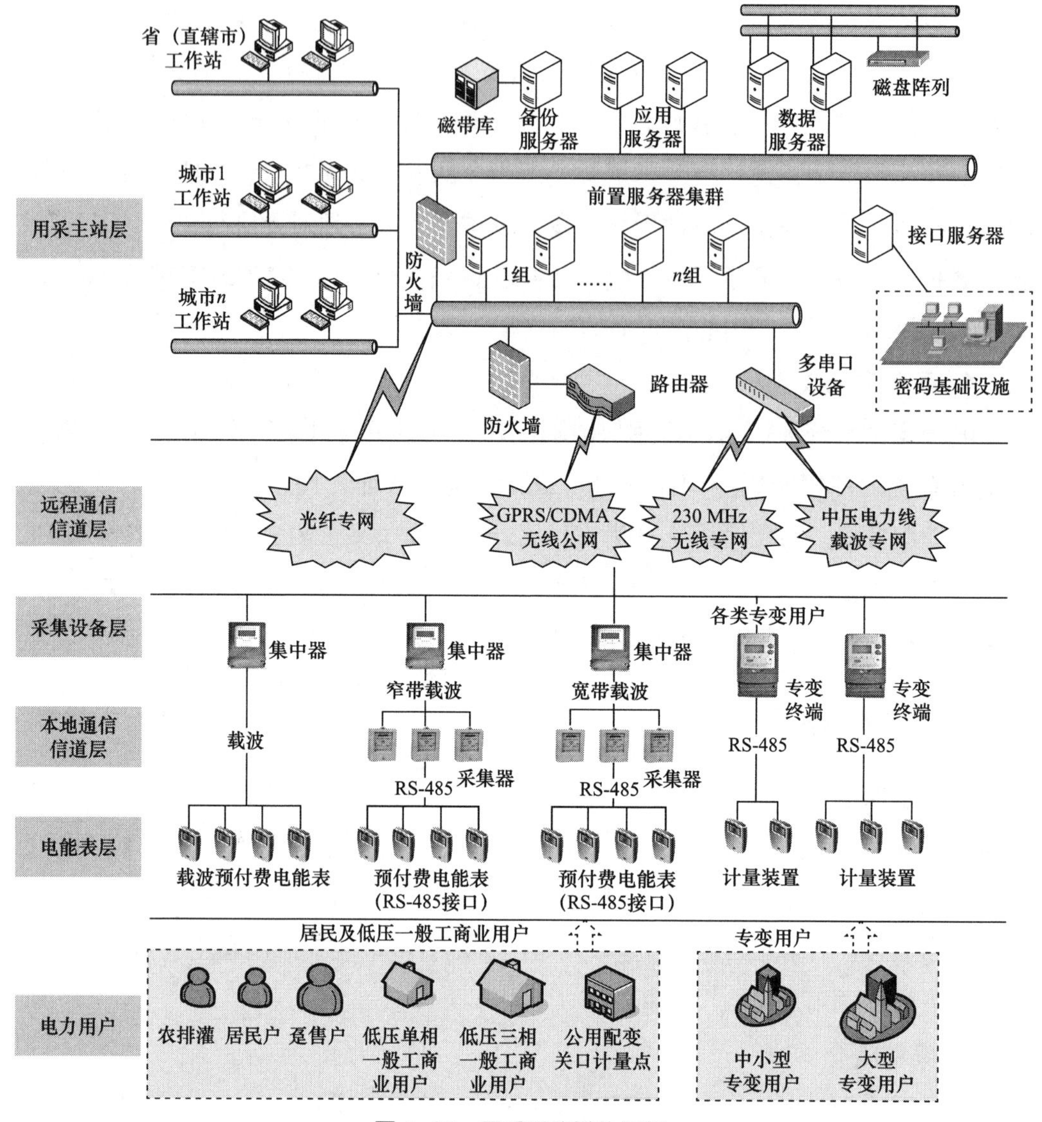

图 4-39　用采系统总体框架

采集、有序用电控制、用户电力缴费等业务的顺利开展和安全可靠运行。用采系统密码应用框架如图 4-40 所示。

（1）用采主站层。通过调用密码基础设施的密码服务，实现终端设备的身份认证，终端与主站数据传输的加解密与签名验证，以及主站系统操作人员与运维人员的访问权限控制。

（2）通信信道层。通过部署电力专用加密网关，利用专有安全协议、链路加密、身份认证等技术，在主站层与终端设备层之间建立安全通信信道，对数据进行加密传输，实现网络层传输保护。

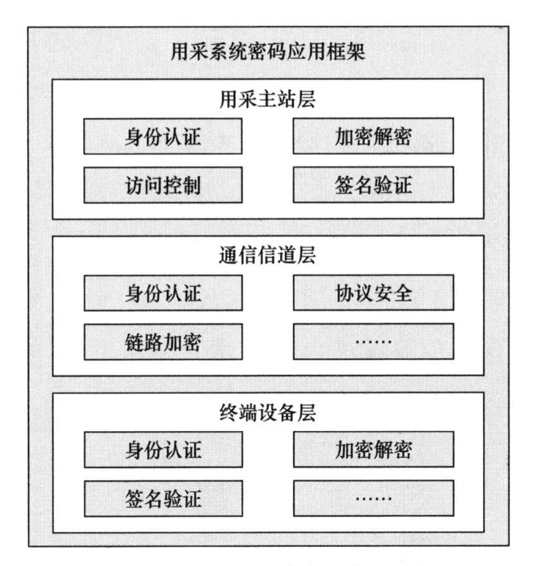

图 4–40 用采系统密码应用框架

（3）终端设备层。通过在终端设备中嵌入支持商用密码算法的安全芯片，实现终端设备与主站之间的身份认证，以及通信数据的完整性、机密性保护。

4. 案例实施效果

用采系统是商用密码算法在电力系统的首次规模化应用，实现了商用密码与用电信息采集以及工业控制的紧密结合。在国家举办重大活动时期，用采系统在电力保障中发挥了关键作用，对维护社会稳定、支持阶梯电价政策、推动节能减排等方面具有重要作用。

四、交通领域应用

1. 案例背景

2020 年 8 月，交通运输部印发《交通运输部关于推动交通运输领域新型基础设施建设的指导意见》，提出要打造融合高效的智慧交通基础设施，切实推进商用密码等技术应用。

2. 案例简介

近年来，随着电子信息技术的迅速发展和普及应用，越来越多的城市推广使用公共交通 IC 卡，市民乘车无须为整钱找零的不便而烦恼，减少了直接接触纸币的次数，同时每次上车时间缩短 3 s，大大减少了车辆停靠、乘客上车的时间。目前，国内很多城市发行了公共交通 IC 卡，330 个地级以上城市实现了公共交通 IC 卡的互联互通。公共交通一卡通系统极大方便了广大市民出行，提升了城市综合交通运输效率。与此同时，其面临的安全风险也不断加大，如IC卡被破解、被伪造，非授权使用IC卡，交易报文被泄露、被篡改、被重放攻击，交易终端设备被破解、被伪造，交易敏感信息被非法窃取、出现交易抵赖等。

3. 案例实施情况

如图4-41所示，公共交通一卡通系统由密钥管理系统、数据准备系统、卡务管理系统、个人化系统等组成，可实现卡片数据、密钥的发行和管理等功能，使用对称、非对称密码算法和数字证书等技术，控制发卡环节和交易环节的安全风险。

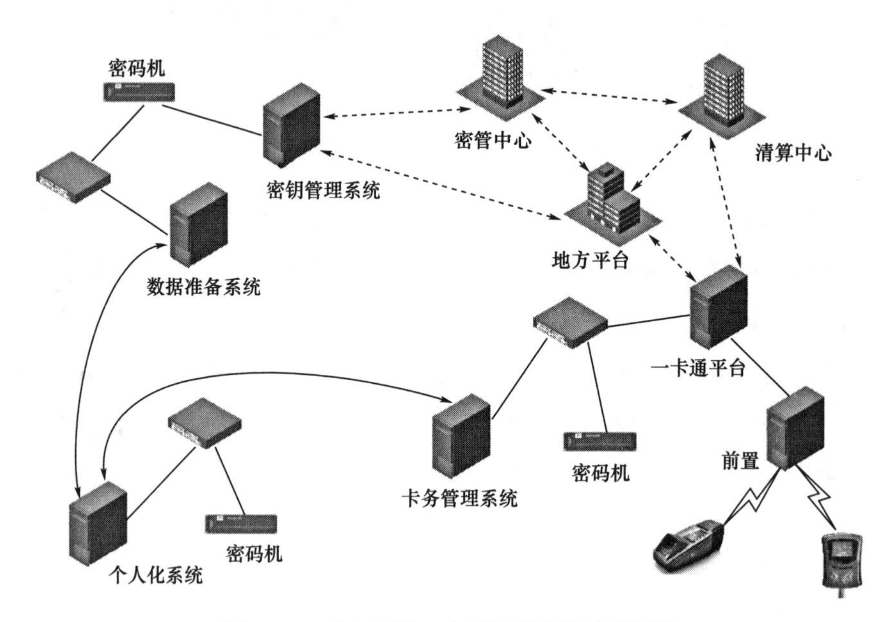

图4-41　公共交通一卡通系统密码应用框架

4. 案例实施效果

公共交通一卡通系统密码应用框架主要成效包括：支撑公共交通一卡通业务的全国开展；实现多样化技术融合，保障业务安全运营；保障数据安全传输；可应用在证书认证系统中。

商用密码在智慧交通系统中的应用如图4-42所示。其中，OBU是指车载电子标签，PSAM是指支付安全访问模块卡。

随着交通信息化、出行便捷化的不断推进，精准感知、精确分析、精心服务的交通功能体系和网络安全体系正在被打造。在新型交通运输基础设施的建设过程中，ETC、城市交通一卡通、电子证照等系统与商用密码技术不断融合，可以说，在交通运输领域，商用密码应用正在迎来前所未有的发展机遇。

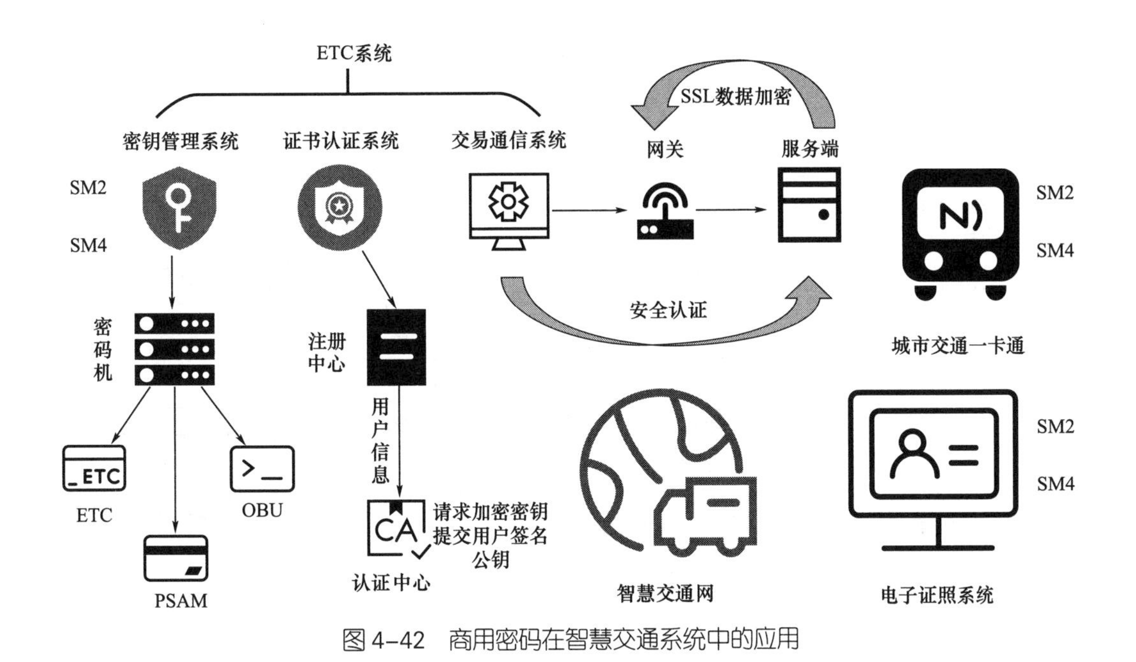

图 4–42　商用密码在智慧交通系统中的应用

五、智慧城市领域应用

1. 案例背景

智慧城市业务广泛分布于交通、社区、教育、医疗、政务等领域，当大量数据汇聚在一起时，保证数据安全就显得尤为重要。在智慧城市中做好密码技术的研发、创新与应用是城市安全工作的重要抓手，推广商用密码在智慧城市中的落地也是智慧城市平稳、有序、正常运行的重要保障。

2. 案例简介

智慧城市密码应用框架如图 4–43 所示。该架构综合运用物联网、云计算和大数据等新技术，全面整合城市信息化资源，围绕智慧城市建设的全方位、多层次、多维度安全保障需求，主要从“统”“保”“服”“管” 4 个方面支撑智慧城市的密码应用保障工作。

3. 案例实施情况

在智慧城市密码应用框架中，通过建设城市密码管理基础设施（含物联网轻量级密钥管理系统）、城市实体统一认证基础设施（含物联网标识系统）、安全区块链基础平台等，为智慧城市的密码安全保障体系提供密码底层支撑；通过密码基础支撑，实现智慧城市网络的可信互联、安全互通，为智慧城市用户及各类智慧业务应用提供统一的密码管理、密码监管、身份鉴别等密码基础支撑服务。

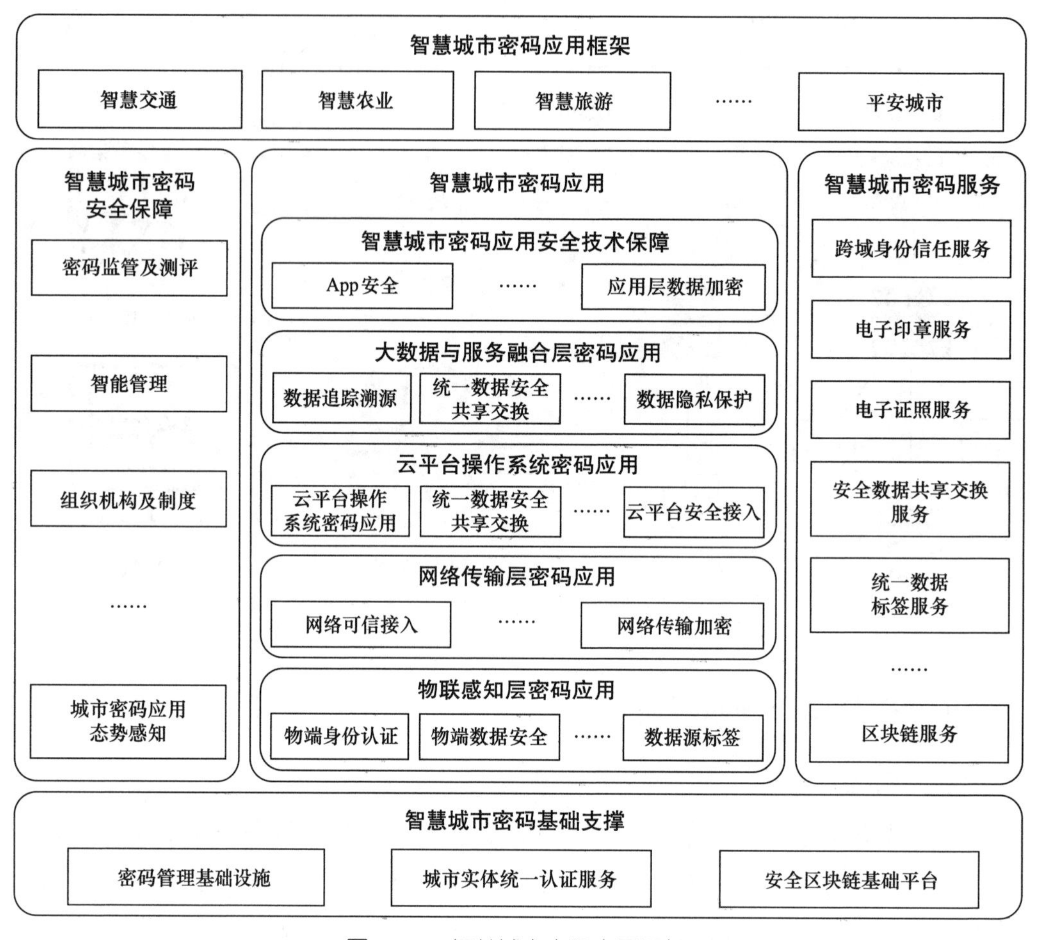

图 4-43　智慧城市密码应用框架

本例从感（传感器、物联网设备）、传（智能电力数据传输、智慧医疗数据传输）、知（城市“大脑”的云平台、智慧城市数据）、用（各类智慧业务应用、各类用户）4 个层次形成一体化的密码技术保障体系，保障了基于商用密码的数据全生命周期的安全，保障智慧城市关键信息基础设施的安全。

本例利用基于密码技术的身份鉴别、访问控制、授权管理、数据加解密、可信计算、密态计算、密文检索、数据脱敏、数据分级分类、数据标签等技术措施，构建了从数据产生、采集、存储、传输、分析、应用、共享交换到隐私保护等全流程安全为一体的智慧城市密码应用安全技术体系，解决了隐私无法保护、数据源不真实、身份仿冒、数据可用不可见、数据无法追踪溯源、身份不统一等风险下的身份识别、使用处理权出让后数据保护、数据不安全共享交换、数据滥用等问题，满足了智慧城市建设背景下的数据基础资源防护、组织和共享防护、计算和分析防护、应用和服务防护等安全需求。

面向智慧城市的云端、物端、移动端，智慧城市密码应用框架提供跨域身份信任服务、电子印章服务、电子证照服务、安全数据共享交换服务、统一数据标签服务和区块链服务等密码服务。

4. 案例实施效果

在本例中，为城市构建了统一的跨部门、跨行业密码服务支撑平台，提供了统一、基础、弹性、高效、规模化的密码服务，建立了以商用密码平台化服务为基础的智慧城市数据安全保障体系；规范了数据分级分类保护和共享交换标准，强化了数据分类共享流转监管，建立了智慧城市数据安全共享交换体系；对共享、开放的数据和标签信息做整体签名，对数据实施分类分级防护，基于区块链的数据共享责任界定，实现了数据的追踪溯源；打造了智慧城市的安全移动办公环境，实现了安全移动环境中“传输加密、身份鉴别和接入控制、隔离交换”的三道防线安全，构建了智慧城市的安全移动办公体系。

培训课程 7 密码应用方案设计

密码应用方案设计是信息系统密码应用的起点，密码应用方案设计得好坏直接决定信息系统密码应用能否被合规、正确、有效地部署实施。密码应用方案是开展信息系统密码应用情况分析和评估工作的基础条件，是不可或缺的重要参考文件。

一、密码应用方案设计原则

1. 总体性原则

密码在信息系统中的应用不是孤立的，必须与信息系统的业务相结合才能发挥作用。

2. 科学性原则

《信息安全技术　信息系统密码应用基本要求》（GB/T 39786—2021）规定了信息系统第一级到第四级的密码应用的基本要求。在密码应用方案的设计中，不能机械照搬或简单地对照每项要求堆砌密码产品，应通过成体系、分层次的设计，形成包括密码支撑体系总体框架搭建、密码基础设施建设部署、密钥管理体系构建、密码产品部署及管理等内容的总体方案。

3. 完备性原则

信息系统安全防护效果符合“木桶原理”，即任何一个方面存在安全风险均会成为短板而有可能导致信息系统安全防护体系的崩塌。

4. 可行性原则

密码应用方案设计好后需要进行可行性论证，在保证信息系统业务正常运行的同时，应综合考虑信息系统的复杂性、兼容性及其他保障措施等因素，保证方案切合实际、合理可行。

二、密码应用方案设计基本要求

1. 合规性要求

合规性要求是指信息系统中使用的密码算法应符合法律法规的有关规定和密码相关国家标准、行业标准的有关要求，信息系统中使用的密码技术应遵循密码相关国家标准和行业标准或经国家密码管理部门审查认定，密码产品和密码服务应符合法律法规的有关规定。

2. 有效性要求

有效性要求是指密码技术应被正确、有效地使用，以支撑信息系统的安全需求，为信息系统提供机密性、完整性、真实性、可用性、抗抵赖性的保护。

三、密码应用方案设计要点

密码应用方案包括密码应用解决方案、密码应用实施方案和密码应用应急处置方案。密码应用解决方案应符合内容全面、思路清晰、重点突出、资料翔实、数据可靠、方案正确等要求；密码应用实施方案应符合任务目标清晰、计划科学合理、配套措施完备等要求；密码应用应急处置方案应符合针对性强、安全事件识别准确或处置措施合理有效等要求。

1. 密码应用解决方案设计要点

密码应用解决方案主要包括系统现状分析、安全风险及控制需求、密码应用需求、总体方案设计、密码技术方案设计、管理体系与运维体系设计、安全与合规性分析等部分，并附加密码产品和服务应用情况、业务系统改造或建设情况、系统和环境改造或建设情况等内容。

2. 密码应用实施方案设计要点

密码应用实施方案是指密码应用方案实施、落地的一整套解决方案。密码应用实施方案应包括项目概述、项目组织、实施内容、实施计划、保障措施、经费概算等内容。

3. 密码应用应急处置方案设计要点

密码应用应急处置方案应对潜在的安全威胁（风险）进行分析，重点识别在项目实施、密码系统和设备运行过程中可能发生的安全事件，并对安全事件进行分类和分级描述。密码应用应急处置方案应明确应急处置组织的结构与职责，并针对潜在安全威胁给出技术和管理上的应急响应机制及风险防范措施。密码应用应急处置方案还应包括安全事件发生后的信息公告流程和损失评估程序，并给出各个应急处置方案的激活条件。

四、密码应用方案设计内容

1. 密码应用方案模板

密码应用方案模板包括背景、系统概述、密码应用需求分析、设计目标及原则、技术方案、安全管理方案、实施保障方案等内容。

2. 通用设计指南

通用设计指南包括信息系统密码应用方案设计中密码算法、密码技术、密码产品和密码服务的选取规则。

3. 信息系统应用层

信息系统应用层的设计依赖于具体的业务应用和安全需求，需要从业务应用情况入手，梳理信息系统的业务安全需求。结合安全需求，信息系统面临的安全风险分析过程可参考《信息安全技术　信息安全风险评估方法》（GB/T 20984—2022）相关内容，应利用密码技术处理具体业务在实际开展过程中存在的安全问题。

4. 密码服务支撑

密码服务支撑的硬件包括支撑中间件、密码设备、基础设施等。对于支撑中间件，应设计密码功能、密码计算等密码服务的提供模式，以及信息系统的集成与调用方式等。对于密码设备、基础设施，应设计提供密码服务的密码设备、密码基础设施，并确定其功能、性能需求及部署模式。

5. 计算平台密码应用

计算平台密码应用层面分为物理环境、网络通信、设备计算，设计时应能保证这 3 个层面的安全。

6. 密钥管理安全

密钥管理安全主要涉及信息系统应用层的密钥管理安全，以及密码服务支撑、计算平台密码应用等的密钥管理安全。

五、已建信息系统密码应用方案提炼

对于已建信息系统，从中提炼密码应用方案时应重点把握和解决以下问题。

1. 明确信息系统的详细网络拓扑。

2. 摸清系统中已有的密码产品，包括嵌入在通用设备中的密码部件，如密码卡、密码模块等，并明确各密码产品在信息系统网络拓扑中的位置。

3. 梳理密钥管理层次，给出密钥全生命周期的管理过程。

4. 针对重要数据和敏感信息，梳理其在信息系统中的流转过程和受保护情况。

培训课程 8 密码应用安全性评估

一、密码应用安全性评估意义

商用密码应用安全性评估（简称密评）是指，对采用商用密码技术、产品和服务集成建设的网络与信息系统密码应用的合规性、正确性、有效性进行评估。密评工作不仅对规范密码应用具有重大意义，而且对维护网络与信息系统密码安全、切实保障网络与信息安全具有不可替代的重要作用。商用密码应用安全性评估是保障密码应用合规、正确、有效的重要手段。它使密码应用管理过程构成闭环，促进密码应用管理体系不断完善，持续改进密码在网络和信息系统中应用的安全性，保障密码应用动态安全，为网络与信息系统的安全提供坚实的基础支撑。

二、密码应用安全性评估发展历程

第一阶段，制度奠基期（2007 年 11 月至 2016 年 8 月）。2007 年 11 月 27 日，国家密码管理局印发《信息安全等级保护商用密码管理办法》，要求信息安全等级保护商用密码测评工作由国家密码管理局指定的测评机构承担。2009 年 12 月 15 日，国家密码管理局印发《信息安全等级保护商用密码管理办法实施意见》，进一步明确了密码测评有关要求。

第二阶段，再次集结期（2016 年 9 月至 2017 年 4 月）。国家密码管理局成立起草小组，研究起草《商用密码应用安全性评估管理办法（试行）》。2017 年 4 月 22 日，国家密码管理局正式印发《关于开展密码应用安全性评估试点工作的通知》，在七省五行业开展密评试点工作。

第三阶段，体系建设期（2017 年 5 月至 2018 年 2 月）。国家密码管理局成立密评领导小组，研究确定了密评体系总体架构，并组织有关单位起草 14 项制度文件。经征求试点地区、部门意见和专家评审，国家密码管理局陆续印发《商用密码应用安全性测评机构管理办法（试行）》《商用密码应用安全性测评机构能力评审实施细则（试行）》等文件。2018 年 2 月 8 日，行业标准《信息系统密码应用基本要求》（GM/T 0054—2018）发布并实施。自此，国家密评制度体系初步建立。

第四阶段，试点开展期（2018 年 3 月至今）。试点开展过程同时也是机构培育过程，包括机构申报遴选、考察认定、发布目录、开展试点测评工作、总结试点经验、完善相关规定等。2021 年 3 月 9 日，国家标准 GB/T 39786—2021 正式发布，并于 2021 年 10 月 1 日正式实施。2023 年 9 月 23 日，国家密码管理局公布《商用密码应用安全性评估管理办法》，自 2023 年 11 月 1 日起施行。

三、密码应用安全性评估主要内容

1. 商用密码应用合规性评估

商用密码应用合规性评估是指评估密码算法、密码协议、密钥管理、密码产品和服务的使用是否合规。

2. 商用密码应用正确性评估

商用密码应用正确性评估是指评估密码算法、密码协议、密钥管理、密码产品和服务的使用是否正确。

3. 商用密码应用有效性评估

商用密码应用有效性是指密码应用安全要立足系统安全、体系安全、动态安全。信息系统中采用的密码协议、密钥管理系统、密码应用子系统和密码安全防护机制不仅要设计合理，而且要在系统运行过程中发挥密码效用，保护信息的机密性、完整性、真实性、抗抵赖性。

一般从物理环境、网络通信、设备计算、应用数据、密钥管理及安全管理 6 个方面进行评估。密评工作依据密码相关标准要求开展。

四、密码应用安全性评估各方职责

1. 测评机构和测评人员的职责

测评机构是商用密码应用安全性评估的承担单位，应当按照有关法律法规和标准要求科学、公正地开展评估。承担商用密码应用安全性评估工作的测评机构，需要经过国家密码管理部门组织的试点培育，经评审后，纳入试点测评机构目录。在测评过程中，测评机构需要全面、客观地反映被测系统的密码应用安全状态，不得泄露测评对象的工作秘密和重要数据，不得妨碍被测系统的正常运行。测评机构完成商用密码应用安全性评估工作后，应在30个工作日内将评估结果报主管部门及所在地区（部门）的密码管理部门。

从事商用密码应用安全性评估工作的测评人员应当通过国家密码管理部门组织的考核，遵守国家有关法律法规、技术标准，为用户提供安全、客观、公正的评估服务，保证评估的质量和效果。

2. 网络与信息系统责任单位的职责

网络与信息系统责任单位即网络与信息系统建设、使用、管理单位，是商用密码应用安全性评估的责任单位。这类单位应健全密码保障系统，在网络与信息系统的规划、建设和运行阶段，组织开展商用密码应用安全性评估工作，并对这项工作负主体责任。重要领域网络与信息系统的运营者，应按以下要求开展工作。

（1）在系统规划阶段，网络与信息系统责任单位应当依据商用密码技术标准，制定商用密码应用建设方案，组织专家或委托具有相关资质的测评机构进行评估。其中，使用财政性资金建设的网络与信息系统，商用密码应用安全性评估结果应作为项目立项的必备材料。

（2）在系统建设完成后，网络与信息系统责任单位应当委托具有相关资质的测评机构进行商用密码应用安全性评估，评估结果应作为项目建设验收的必备材料。待评估通过后，系统方可投入运行。

（3）在系统投入运行后，网络与信息系统责任单位应当委托具有相关资质的测评机构定期开展商用密码应用安全性评估。如果未通过评估，网络与信息系统责任单位应当限期整改并重新组织评估。其中，关键信息基础设施、网络安全保护等级在第三级以上的信息系统每年至少评估一次。

（4）在系统发生密码相关重大安全事件、重大调整或特殊紧急情况时，网络与信息系统责任单位应当及时组织开展商用密码应用安全性应急评估，并依据评估结果进行应急处置，采取必要的安全防范措施。

网络与信息系统责任单位应当认真履行密码安全主体责任，明确密码安全负责人，制定完善的密码管理制度，按照要求开展商用密码应用安全性评估、备案和整改工作，配合密码管理部门和有关部门进行安全检查。

3. 密码管理部门的职责

国家密码管理部门负责指导、监督和检查全国的商用密码应用安全性评估工作；省（部）密码管理部门负责指导、监督和检查本地区、本部门、本行业（系统）的商用密码应用安全性评估工作。

国家密码管理部门依据有关规定，组织对测评机构工作开展情况进行监督。监督工作主要包括两个方面：一方面对测评机构出具评估结果的客观性、公正性和真实性进行评判；另一方面对测评机构开展评估工作的规范性和独立性进行检查。

各地区（行业）密码管理部门根据工作需要，定期或不定期地对本地区（行业）重要领域网络与信息系统商用密码应用安全性评估工作落实情况进行检查。国家密码管理部门对全国的商用密码应用安全性评估工作落实情况进行抽查。检查内容包括：是否在规划、建设、运行阶段按照要求开展商用密码应用安全性评估，评估后问题整改情况如何，评估结果有效性如何等。

职业模块 5 法律法规知识

培训课程 1

密码从业法律知识

一、《中华人民共和国劳动法》

《中华人民共和国劳动法》(以下简称《劳动法》)于 1995 年 1 月 1 日施行。《劳动法》根据《中华人民共和国宪法》制定，是我国第一部劳动保障基本法律，是保护劳动者合法权益的重要法律。《劳动法》共十三章一百零七条，通过总则、促进就业、劳动合同和集体合同、工作时间和休息休假、工资、劳动安全卫生、女职工和未成年工特殊保护、职业培训、社会保险和福利、劳动争议、监督检查、法律责任及附则，对劳动关系中的权利、义务进行全面的规定。

二、《中华人民共和国劳动合同法》

《中华人民共和国劳动合同法》(以下简称《劳动合同法》)于 2008 年 1 月 1 日起施行。

《劳动合同法》的总则部分主要规定了立法目的、适用对象，并对参与劳动关系协调的各方主体，包括用人单位、工会、劳动行政部门等提出明确要求。

《劳动合同法》的第二章对劳动合同的订立作出规定，部分规定内容如下。建立劳动关系，应当订立书面劳动合同。用人单位未在用工的同时订立书面劳动合同，与劳动者约定的劳动报酬不明确的，新招用的劳动者的劳动报酬按照集体合同规定的标准执行；没有集体合同或者集体合同未规定的，实行同工同酬。劳动合同分为固定期限劳动合同、无固定期限劳动合同和以完成一定工作任务为期限的劳动合同。劳动合同由用人单位与劳动者协商一致，并经用人单位与劳动者在劳动合同文本上签字或者盖章生效。劳动合同文本由用人单位和劳动者各执一份。还对劳动合同应当具备的条款和试用期等作出规定。

三、《中华人民共和国保守国家秘密法》

《中华人民共和国保守国家秘密法》（以下简称《保密法》）于 1989 年 5 月 1 日起施行。《保密法》是保护国家秘密，维护国家的安全和利益，打击泄露、窃取国家秘密犯罪行为的基本法律。《保密法》规定，一切国家机关和武装力量、各政党和各人民团体、企业事业组织和其他社会组织以及公民都有保密的义务。

《保密法》共六章六十五条。第一章总则共十二条，主要规定立法目的、国家秘密概念、保密工作方针、适用范围、保密工作管理制度和机构、机关和单位保密工作职责、保密宣传教育、保密科研和创新、保密工作经费预算、保密人才队伍建设及保密激励保障制度等。第二章国家秘密的范围和密级共十三条，主要规定涉密事项范围和密级等级、定密工作体制、定密责任和权限、定密工作内容和知悉范围、国家秘密标志、国家秘密的变更和解密，以及不明确或者有争议事项的确定等。第三章保密制度共二十二条，主要规定国家秘密载体、涉密信息系统和信息设备、保密产品和技术装备、信息发布、对外交往、涉密会议活动、保密要害部门与部位、军事禁区与涉密场所、从事涉密业务的企业事业单位、采购涉密或直接涉及涉密业务的机关与单位、涉密人员等方面的保密管理制度，并针对危害国家秘密安全的行为作出禁止性规定。第四章监督管理共九条，主要规定保密行政管理部门具有制定保密规章和标准、宣传教育、保密检查、保密技术防护、泄密案件查处、定密监督、密级鉴定和处分监督等方面的职责，并对保密协会提出要求。第五章法律责任共六条，主要规定违反本法所应承担的法律责任，涉及个人，机关、单位，网络运营者，企业事业单位以及保密行政管理部门的工作人员等。第六章附则共三条，是关于解放军和武警部队保密工作、工作秘密管理和本法施行日期的规定。

培训课程 2

密码法及配套法规

一、《中华人民共和国电子签名法》

《中华人民共和国电子签名法》(以下简称《电子签名法》)的出台，为我国网络立法与国际网络立法的接轨起到重要的示范性作用。《电子签名法》共五章三十六条，确立了数据电文、电子签名在我国的法律效力，指出了数据电文在何种条件下满足法律法规规定的书面形式、原件形式、文件保存要求，明确了数据电文的发送、接收相关规定及作为证据时审查其真实性的考虑因素，规范了对于电子认证服务提供者的管理要求。

下面从 6 个方面介绍《电子签名法》的主要内容。

1. 明确电子签名的法律效力

第一章总则第三条明确规定，民事活动中的合同或者其他文件、单证等文书，当事人可以约定使用或者不使用电子签名、数据电文。当事人约定使用电子签名、数据电文的文书，不得仅因为其采用电子签名、数据电文的形式而否定其法律效力。

2. 明确电子签名所需要的技术和法理条件

电子签名必须同时符合“电子签名制作数据用于电子签名时，属于电子签名人专有”“签署时电子签名制作数据仅由电子签名人控制”“签署后对电子签名的任何改动能够被发现”“签署后对数据电文内容和形式的任何改动能够被发现”条件，才能被视为可靠的电子签名。

3. 对电子认证服务提供者及其资格、行为以及法律责任作出规定

电子签名人需要由第三方对其身份进行认证，这个第三方被称为电子认证服务提供者。电子认证服务提供者的可靠与否，对电子签名的真实性和安全性起到

关键作用。《电子签名法》规定了电子认证服务市场准入制度，明确了由国务院信息产业主管部门对从事电子认证服务的机构实行资格审查和管理，并对电子认证服务提供者提出“具有国家密码管理机构同意使用密码的证明文件”等严格的限制条件。《电子签名法》第二十八条、第二十九条、第三十条以及第三十一条，对电子认证服务提供者的法律责任作出明确规定。

4. 明确数据电文收发和电子签名人等的权责规范

《电子签名法》明确了数据电文的发送情形、收讫要求等，以及电子签名人的权利、义务和行为规范。具体而言，明确了数据电文的发送和接收时间、发送和接收地点，明确了电子签名人向电子认证服务提供者申请电子签名认证证书的程序，规定了电子签名人以及伪造、冒用、盗用他人电子签名的人应承担的法律责任。

5. 遵循“技术中立”原则

《电子签名法》借鉴《联合国国际贸易法委员会电子签名示范法》的“技术中立”原则，只规定作为可靠电子签名应该达到的标准，没有限定使用哪种技术来达到这一标准，因而为以后新技术的应用预留了空间。

6. 增加有关政府监管部门法律责任的条款

《电子签名法》第三十三条规定，依照本法负责电子认证服务业监督管理工作的部门的工作人员，不依法履行行政许可、监督管理职责的，依法给予行政处分；构成犯罪的，依法追究刑事责任。鉴于我国市场信用制度和电子认证环境尚不健全的现状，为了强化监督，特在法律层面明确追究不依法进行监督管理的工作人员的法律责任。此约束条款的设立，是基于现实情况的考量，旨在满足加强监管的迫切需求。

二、《中华人民共和国密码法》

1. 基本情况

密码是党和国家的重要战略资源，对于保障国家政治安全、经济安全、国防安全和信息安全具有重大作用。为了规范密码的应用和管理，促进密码事业发展，保障网络与信息安全，维护国家安全和社会公共利益，保护公民、法人和其他组织的合法权益，《中华人民共和国密码法》（以下简称《密码法》）于 2020 年 1 月 1 日起施行。《密码法》的施行，是我国密码工作史上具有里程碑意义的大事。《密码法》明确“坚持中国共产党对密码工作的领导”，要求密码工作坚持总体国家安全观，遵循统一领导、分级负责，创新发展、服务大局，依法管理、保障安全的原则。《密码法》是密码领域的综合性、基础性法律，比《商用密码管理条例》立法程序更严、效力位阶更高、适用范围更广，它的颁布和实施重塑了商用密码管理制度。目前，以《密码法》为主导的全新的密码管理法律法规体系正在逐步形成，我国密码行业迎来新的发展机遇。

《密码法》的内容既总结了我国密码管理工作中的一系列好传统、好经验、好做法，又适应了新情况、新问题、新挑战，改革、重塑了相关管理制度，体现了继承发展、守正创新的精神。贯彻实施《密码法》，重点要把握以下原则：坚持党管密码和依法管理相统一，坚持创新发展和确保安全相统一，坚持简政放权和加强监管相统一。

2. 法定要求分析

《密码法》共五章四十四条。第一章总则，规定了立法目的、密码工作基本原则、领导和管理体制，以及密码工作发展的促进和保障措施等；界定了不同类型密码的功能定位、使用范围；对密码作出明确定义，即密码是指采用特定变换的方法对信息等进行加密保护、安全认证的技术、产品和服务。第二章核心密码、普通密码，规定了核心密码、普通密码的使用要求、安全管理制度，以及国家加强核心密码、普通密码管理工作的一系列特殊保障措施。第三章商用密码，规定了商用密码的标准化制度、检测认证制度、市场准入管理制度、使用要求、进出口管理制度、电子政务电子认证服务管理制度以及商用密码事中事后监管制度，并明确了商用密码领域行业协会的职责。第四章法律责任，规定了违反本法相关规定应当承担的法律后果。第五章附则，规定了国家密码管理部门的规章制定权，解放军和武警部队的密码工作管理办法制定事宜，以及施行日期。

（1）密码管理机构要求。中央密码工作领导机构对全国密码工作实行统一领导，制定国家密码工作重大方针政策，统筹协调国家密码重大事项和重要工作，推进国家密码法治建设。国家密码管理部门负责管理全国的密码工作。县级以上地方各级密码管理部门负责管理本行政区域的密码工作。

（2）密码技术创新要求。一是鼓励创新，就是在科研、应用、标准化等方面，采取鼓励、支持和促进性的措施。国家鼓励和支持密码科学技术研究和应用，促进密码科学技术进步和创新，鼓励和促进商用密码产业发展，鼓励相关主体参与商用密码国际标准化活动。二是促进合作，就是促进商用密码领域的学术交流、技术合作，包括国际交流与合作。《密码法》规定，各级人民政府及其有关部门应当遵循非歧视原则，依法平等对待包括外商投资企业在内的商用密码科研、生产、销售、服务、进出口等单位；国家鼓励在外商投资过程中基于自愿原则和商业规则开展商用密码技术合作。

（3）密码应用安全性评估要求。《密码法》对使用商用密码保护关键信息基础设施的网络安全作出明确规定。

《密码法》第二十七条规定，法律、行政法规和国家有关规定要求使用商用密码进行保护的关键信息基础设施，其运营者应当使用商用密码进行保护，自行或者委托商用密码检测机构开展商用密码应用安全性评估。商用密码应用安全性评估应当与关键信息基础设施安全检测评估、网络安全等级测评制度相衔接，避免重复评估、测评。关键信息基础设施的运营者采购涉及商用密码的网络产品和服务，可能影响国家安全的，应当按照《中华人民共和国网络安全法》的规定，通过国家网信部门会同国家密码管理部门等有关部门组织的国家安全审查。

《密码法》第三十七条规定，关键信息基础设施的运营者违反本法第二十七条第一款规定，未按照要求使用商用密码，或者未按照要求开展商用密码应用安全性评估的，由密码管理部门责令改正，给予警告；拒不改正或者导致危害网络安全等后果的，处十万元以上一百万元以下罚款，对直接负责的主管人员处一万元以上十万元以下罚款。关键信息基础设施的运营者违反本法第二十七条第二款规定，使用未经安全审查或者安全审查未通过的产品或者服务的，由有关主管部门责令停止使用，处采购金额一倍以上十倍以下罚款；对直接负责的主管人员和其他直接责任人员处一万元以上十万元以下罚款。

（4）密码检测认证和产品要求。《密码法》对面向商用密码产品的检测认证体系建设有明确要求。《密码法》第二十五条规定，国家推进商用密码检测认证体系建设，制定商用密码检测认证技术规范、规则，鼓励商用密码从业单位自愿接受商用密码检测认证，提升市场竞争力。商用密码检测、认证机构应当依法取得相关资质，并依照法律、行政法规的规定和商用密码检测认证技术规范、规则开展商用密码检测认证。商用密码检测、认证机构应当对其在商用密码检测认证中所知悉的国家秘密和商业秘密承担保密义务。

《密码法》对涉及国家安全、国计民生、社会公共利益的商用密码产品有明确要求。《密码法》第二十六条规定，涉及国家安全、国计民生、社会公共利益的商用密码产品，应当依法列入网络关键设备和网络安全专用产品目录，由具备资格的机构检测认证合格后，方可销售或者提供。《密码法》第三十六条规定，违反本法第二十六条规定，销售或者提供未经检测认证或者检测认证不合格的商用密码产品，或者提供未经认证或者认证不合格的商用密码服务的，由市场监督管理部门会同密码管理部门责令改正或者停止违法行为，给予警告，没收违法产品和违法所得；违法所得十万元以上的，可以并处违法所得一倍以上三倍以下罚款；没有违法所得或者违法所得不足十万元的，可以并处三万元以上十万元以下罚款。

按照《密码法》要求，国家密码管理局会同国家市场监督管理总局建立了我国商用密码检测认证体系，联合发布商用密码检测认证工作实施意见、认证目录和认证规则，将密码产品由原来的行政审批制度调整为检测认证制度，重建了商用密码产品管理体系。

《商用密码产品认证规则》依据《密码法》《中华人民共和国认证认可条例》制定。国家市场监督管理总局和国家密码管理局联合发布的《商用密码产品认证目录》中的产品，遵循商用密码产品认证的基本原则和要求。《商用密码产品认证规则》主要包括以下内容：适用范围、认证模式、认证单元划分、认证实施程序、认证证书、认证标志、认证实施细则、认证责任和附件。

（5）密码产业发展与监管要求。国家鼓励商用密码技术的研究开发、学术交流、成果转化和推广应用，健全统一、开放、竞争、有序的商用密码市场体系，鼓励和促进商用密码产业发展，这是支撑商用密码发展的源动力。例如，支持行业协会等组织依法开展相关活动，加强行业自律，推动行业诚信建设；加强行政管理部门事中事后监管，形成行业自律、社会监督、事中事后监管相统一的市场运行和监督体系。

（6）密码保护要求。《密码法》第十二条规定，任何组织或者个人不得窃取他人加密保护的信息或者非法侵入他人的密码保障系统。《密码法》第三十一条规定，密码管理部门和有关部门及其工作人员不得要求商用密码从业单位和商用密码检测、认证机构向其披露源代码等密码相关专有信息，并对其在履行职责中知悉的商业秘密和个人隐私严格保密，不得泄露或者非法向他人提供。《密码法》第三十二条规定，违反本法第十二条规定，窃取他人加密保护的信息，非法侵入他人的密码保障系统，或者利用密码从事危害国家安全、社会公共利益、他人合法权益等违法活动的，由有关部门依照《中华人民共和国网络安全法》和其他有关法律、行政法规的规定追究法律责任。

（7）密码人才培养和密码安全教育要求。《密码法》明确了密码人才培养和队伍建设、密码安全教育的基本要求，为进一步夯实密码工作的人才基础、教育基础提供了法律依据。

三、《商用密码管理条例》

1. 基本情况

《商用密码管理条例》（以下简称《商密条例》）作为《密码法》的重要配套法规，是商用密码领域最直接的法规依据。党的十八大以来，党中央、国务院对商用密码创新发展和行政审批制度改革提出一系列要求，2020年施行的《密码法》对商用密码管理制度进行了结构性重塑。2020年8月20日，为了贯彻落实《密码法》，国家密码管理局起草了《商用密码管理条例（修订草案征求意见稿）》，向社会公开征求意见。2023年4月27日，新修订的《商密条例》公布，自2023年7月1日起施行。

2. 主要要求

新修订的《商密条例》坚持问题导向、系统观念、底线思维，对商用密码管理系列重大事项和重要制度作出明确规定。新修订的《商密条例》共九章六十七条。

（1）关于条例宗旨。《商密条例》第一条规定，为了规范商用密码应用和管理，鼓励和促进商用密码产业发展，保障网络与信息安全，维护国家安全和社会公共利益，保护公民、法人和其他组织的合法权益，根据《密码法》等法律，制定本条例。

（2）关于管理范围。《商密条例》第二条规定，在中华人民共和国境内的商用密码科研、生产、销售、服务、检测、认证、进出口、应用等活动及监督管理，适用本条例。

《商密条例》规定了商用密码的定义，是指采用特定变换的方法对不属于国家秘密的信息等进行加密保护、安全认证的技术、产品和服务。特定变换是指明文与密文相互转化的各种数学方法和实现机制。商用密码功能主要有两个：一个是加密保护，即采用特定变换的方法，将原来可读的信息变成不能识别的符号序列，也就是将明文变成密文；另一个是安全认证，即采用特定变换的方法，确认信息是否完整、是否被篡改、是否可靠以及行为是否真实，简单地说，安全认证就是确认主体和信息的真实性、可靠性。

作为《商密条例》的管理对象，商用密码包括商用密码技术、商用密码产品和商用密码服务。商用密码技术是指采用特定变换的方法对信息等进行加密保护或者安全认证的技术，包括密码编码、实现、协议、安全防护、分析破译，以及密钥产生、分发、传送、使用、销毁等技术。商用密码产品是指采用商用密码技术进行加密保护或者安全认证的产品，即承载商用密码技术、实现商用密码功能的实体。商用密码服务是指基于商用密码专业技术、技能和设施，为他人提供集成、运营、监理等商用密码支持和保障的活动。

（3）关于管理体制。《商密条例》第三条规定，国家密码管理部门负责管理全国的商用密码工作。县级以上地方各级密码管理部门负责管理本行政区域的商用密码工作。网信、商务、海关、市场监督管理等有关部门在各自职责范围内负责商用密码有关管理工作。

需要说明的是，国家机关和涉及商用密码工作的单位在其职责范围内负责本机关、本单位或者本系统的商用密码应用和安全保障工作，与网信、商务、海关、市场监督管理等明确具有商用密码行政管理职能的部门，在工作侧重点上是不同的。

（4）关于科技创新与标准化。《商密条例》突出科技创新和标准引领，明确规定国家建立健全商用密码科学技术创新促进机制。国家依法保护商用密码领域的知识产权，国家鼓励和支持商用密码科学技术成果转化和产业化应用。《商密条例》第九条规定，国家密码管理部门组织对法律、行政法规和国家有关规定要求使用商用密码进行保护的网络与信息系统所使用的密码算法、密码协议、密钥管理机制等商用密码技术进行审查鉴定。《商密条例》还规定了商用密码相关标准在制定、实施、监督检查等方面的要求。

（5）关于检测认证和产品、服务管理。《密码法》规定，国家推进商用密码检测认证体系建设，鼓励在商用密码活动中自愿接受商用密码检测认证；商用密码检测技术规范、规则由国家密码管理部门制定并公布。2020 年 5 月 9 日，《商用密码产品认证目录（第一批）》发布，该目录列出商用密码产品的种类、产品描述和认证依据，有利于对商用密码产品进行界定。

《商密条例》第十三条至第十九条，明确了检测、认证机构资质审批的条件、程序及其从业规范。《商密条例》第十七条明确，实行商用密码产品、服务、管理体系的认证制度。《商密条例》第二十条、第二十一条明确，对涉及国家安全、国计民生、社会公共利益的商用密码产品和使用网络关键设备和网络安全专用产品的商用密码服务，实行强制性检测、认证。

（6）关于电子认证。《商密条例》进一步明确电子认证服务密码使用的要求和规范。《商密条例》第二十二条规定，采用商用密码技术提供电子认证服务，应当具有与使用密码相适应的场所、设备设施、专业人员、专业能力和管理体系，依法取得国家密码管理部门同意使用密码的证明文件。《商密条例》第二十四条规定，采用商用密码技术从事电子政务电子认证服务的机构，应当经国家密码管理部门认定，依法取得电子政务电子认证服务机构资质。《商密条例》还规定了电子政务电子认证服务机构的资质审批条件、程序及从业规范。如果外商投资电子政务电子认证服务，影响或者可能影响国家安全的，还应当依法进行外商投资安全审查，这与《中华人民共和国外商投资法》规定的外商投资安全审查制度相衔接。此外，《商密条例》还明确了政务活动中电子签名、电子印章、电子证照等涉及的电子认证服务要求。

（7）关于进出口。《商密条例》根据《密码法》关于商用密码进出口的规定，以及国家出口管制、两用物项进出口管理制度，明确对商用密码进口许可和出口管制实行清单管理，但大众消费类产品所采用的商用密码不实行进口许可和出口管制制度。

（8）关于应用促进。《商密条例》突出促进应用、保障安全的导向，国家鼓励公民、法人和其他组织依法使用商用密码保护网络与信息安全，支持网络产品和服务使用商用密码提升安全性，支持并规范商用密码在信息领域新技术、新业态、新模式中的应用。为保障使用商用密码进行保护的关键信息基础设施的安全，《商密条例》明确了商用密码的诸多使用要求。此外，《商密条例》还明确，国家密码管理部门根据网络的安全保护等级确定商用密码的使用、管理和应用安全性评估要求，各项评估、测评工作间应加强衔接，避免重复评估、测评。上述规定夯实了商用密码应用安全性评估的实施依据。

（9）关于监督管理。《商密条例》明确密码管理部门和有关部门开展商用密码监督管理的有关职权及协调配合、保密义务，以及信用监管、举报处理等机制。

此外，《商密条例》还规定了违反本条例所应承担的法律责任。

四、其他配套法规

1.《电子认证服务密码管理办法》

为了规范电子认证服务提供者使用密码的行为，国家密码管理局根据《电子签名法》《商密条例》和相关法律、行政法规的规定，制定《电子认证服务密码管理办法》(以下简称《办法》)。

《办法》要求，提供电子认证服务，应当申请《电子认证服务使用密码许可证》。《办法》明确了申请《电子认证服务使用密码许可证》应当具备的基本条件和程序，并对电子认证服务系统的建设、运行和技术改造等作出规定。同时，《办法》要求，电子认证服务系统应当由具有商用密码产品生产和密码服务能力的单位承建。通常按照《基于 SM2 密码算法的证书认证系统密码及其相关安全技术规范》(GM/T 0034—2014)的要求承建电子认证服务系统，并通过国家密码管理局组织的安全性审查和互联互通测试。

2.《商用密码应用安全性评估管理办法》

(1)基本情况。根据《密码法》《商密条例》等有关法律法规，国家密码管理局制定了《商用密码应用安全性评估管理办法》(以下简称《密评管理办法》)。《密评管理办法》自 2023 年 11 月 1 日起施行。

(2)主要内容。《密评管理办法》细化了《密码法》《商密条例》关于商用密码应用安全性评估工作在程序及内容、实施规范、监督检查及法律责任等方面的要求，吸收、继承了商用密码应用安全性评估试点经验做法，结合工作实际，注重合法性、合理性和可操作性，力求做到内容完备、逻辑严密。《密评管理办法》共二十一条。

1)总体要求。一是明确定义，商用密码应用安全性评估是指按照有关法律法规和标准规范，对网络与信息系统使用商用密码技术、产品和服务的合规性、正确性、有效性进行检测分析和评估验证的活动。二是明确管理体制，县级以上地方各级密码管理部门负责管理本行政区域的商用密码应用安全性评估工作。三是明确商用密码检测机构的资质要求，鼓励设立商用密码应用安全性评估行业组织。四是规定商用密码应用安全性评估的对象范围。

2)程序及内容要求。一是提出“三同步、一评估”的基本要求，即同步规划、同步建设、同步运行商用密码保障系统，并定期开展商用密码应用安全性评估。二是在重要网络与信息系统的规划、建设、运行阶段，对商用密码应用安全性评估提出程序要求。三是针对商用密码应用方案、建设完成的网络与信息系统两类对象，分别提出商用密码应用安全性评估的内容要求。

3）实施规范。一是规定运营者开展商用密码应用安全性评估活动的通用行为规范和委托开展密评应当提出的支持。二是规定运营者自行开展商用密码应用安全性评估的基本要求与行为规范。三是明确商用密码应用安全性评估结果备案制度。四是明确运营者开展应急处置的有关规定。

4）监督检查及法律责任。一是规定县级以上地方各级密码管理部门、国家机关和涉及商用密码工作的单位的相关检查职权。二是明确重要网络与信息系统运营者的违法违规情形及法律责任。三是规定相关管理工作人员的责任、义务。

5）其他事项。规定了过渡安排和本办法施行时间。

3.《商用密码检测机构管理办法》

（1）基本情况。根据《密码法》《商密条例》等有关法律法规，国家密码管理局制定了《商用密码检测机构管理办法》（以下简称《机构管理办法》）。《机构管理办法》自2023年11月1日起施行。

（2）主要内容。《机构管理办法》细化了《密码法》《商密条例》关于商用密码检测机构在许可、从业、监管等方面的要求，借鉴了有关检测机构的管理规定，结合工作实际，注重合法性、合理性和可操作性，力求做到内容完备、逻辑严密。《机构管理办法》共二十九条。

1）总体要求。一是规定适用范围，商用密码检测机构的资质认定和监督管理适用本办法。二是明确管理体制，国家密码管理局负责全国商用密码检测机构的资质认定和监督管理。县级以上地方各级密码管理部门负责本行政区域内商用密码检测机构的监督管理。

2）资质认定条件和程序。一是明确商用密码检测机构资质认定的规范依据。二是规定商用密码检测机构资质认定的条件。三是规定商用密码检测机构资质认定的程序，包括申请、受理、审查和评审、颁证（颁发《商用密码检测机构资质证书》，简称资质证书）等环节。四是规定资质证书延续、变更、注销等相关要求。

3）从业规范。一是明确商用密码检测机构的从业要求。二是从检测报告出具、样品和数据管理、信息报送、禁止性行为等方面，对检测活动提出具体要求。

4）监督检查及法律责任。一是规定密码管理部门的监督检查职权及相关机构的配合义务。二是明确商用密码检测机构的违法情形及法律责任。三是规定商用密码检测机构监督检查结果公示和相关管理工作人员的责任、义务。

5）其他事项。规定了本办法的施行时间。

培训课程 3
密码应用相关法律法规

一、密码应用相关法律

1.《中华人民共和国网络安全法》

（1）基本情况。《中华人民共和国网络安全法》（以下简称《网络安全法》）于2017年6月1日正式施行。《网络安全法》作为我国互联网领域第一部专门法律，申明了网络主权原则，建立了关键信息基础设施保护制度，明确了互联网信息内容管理部门、网络运营者与个人在网络安全保护领域的权利与义务，进一步完善了个人信息保护规则，并为构建网络安全法律法规体系提供了基础性依据。

（2）密码相关要求。《网络安全法》将网络安全等级保护制度上升为法律，即国家实行网络安全等级保护制度。《网络安全法》明确了网络产品和服务提供者、网络运营者应当履行网络安全保护义务；明确了在网络安全等级保护制度的基础上，对关键信息基础设施实行重点保护；明确了采取技术措施和其他必要措施，维护网络数据的完整性、保密性和可用性。

《网络安全法》规定，网络运营者应当按照网络安全等级保护制度的要求，履行安全保护义务，保障网络免受干扰、破坏或者未经授权的访问，防止网络数据泄露或者被窃取、篡改。

密码能够有效提供加密、防篡改等功能，实现对网络数据的安全保护，网络安全保护离不开密码的应用。

2.《中华人民共和国数据安全法》

（1）基本情况。党中央高度重视数据安全工作，习近平总书记多次作出重要指示批示，提出加快法规制度建设、切实保障国家数据安全等明确要求。按照党中央部署，制定数据安全法列入了十三届全国人大常委会立法规划和年度立法工作计划。《中华人民共和国数据安全法》(以下简称《数据安全法》)自 2021 年 9 月 1 日起施行。《数据安全法》是我国第一部专门规定数据安全的法律。《数据安全法》与《中华人民共和国国家安全法》《网络安全法》《网络安全审查办法》等共同构成我国数据安全范畴下的法律法规体系。

(2)密码相关要求。《数据安全法》第三条规定，数据是指任何以电子或者其他方式对信息的记录；数据处理包括数据的收集、存储、使用、加工、传输、提供、公开等；数据安全是指通过采取必要措施，确保数据处于有效保护和合法利用的状态，以及具备保障持续安全状态的能力。

《数据安全法》第十六条规定，国家支持数据开发利用和数据安全技术研究，鼓励数据开发利用和数据安全等领域的技术推广和商业创新，培育、发展数据开发利用和数据安全产品、产业体系。

密码是一种实现数据安全保障最经济、最有效、最可靠的安全技术和措施，能够确保数据处于持续安全状态。密码技术的研究与应用是落实《数据安全法》相关规定的有力抓手。

3.《中华人民共和国个人信息保护法》

(1)基本情况。《中华人民共和国个人信息保护法》(以下简称《个人信息保护法》)于 2021 年 11 月 1 日起施行。《个人信息保护法》坚持和贯彻以人民为中心的法治理念，牢牢把握保护人民群众个人信息权益的立法定位，聚焦个人信息保护领域的突出问题和人民群众的重大关切，在国家层面建立健全个人信息保护制度，预防和惩治侵害个人信息权益的行为，切实将广大人民群众网络空间合法权益维护好、保障好、发展好，使广大人民群众在数字经济发展中获得更多的获得感、幸福感、安全感。

(2)密码相关要求。《个人信息保护法》共八章七十四条。《个人信息保护法》总则确立了处理个人信息的基本原则，其中之一就是要采取必要措施确保个人信息安全原则。这一原则与密码工作紧密相关。《个人信息保护法》第九条、第五十一条明确规定应采取必要措施保障个人信息的安全，防止个人信息泄露、篡改、丢失，常用措施包括但不限于加密、去标识化等。相关条款原文如下。

> 第九条　个人信息处理者应当对其个人信息处理活动负责，并采取必要措施保障所处理的个人信息的安全。

第五十一条　个人信息处理者应当根据个人信息的处理目的、处理方式、个人信息的种类以及对个人权益的影响、可能存在的安全风险等，采取下列措施确保个人信息处理活动符合法律、行政法规的规定，并防止未经授权的访问以及个人信息泄露、篡改、丢失：

（一）制定内部管理制度和操作规程；

（二）对个人信息实行分类管理；

（三）采取相应的加密、去标识化等安全技术措施；

（四）合理确定个人信息处理的操作权限，并定期对从业人员进行安全教育和培训；

（五）制定并组织实施个人信息安全事件应急预案；

（六）法律、行政法规规定的其他措施。

二、密码应用相关法规

1.《网络安全等级保护条例（征求意见稿）》

（1）基本情况。《网络安全等级保护条例（征求意见稿）》（以下简称《等保条例》）于 2018 年 6 月 27 日向社会公开征求意见。《等保条例》既是健全完善相关法律法规体系的需要，也为解决网络安全等级保护现实问题提供契机，成为网络安全等级保护创新发展的驱动力。目前，网络安全等级保护制度实施的主要依据是 2007 年 6 月 22 日发布并施行的《信息安全等级保护管理办法》，它属于规范性文件，不具备法律效力，约束性较差，导致公安机关、国家保密工作部门、国家密码管理部门的有关监督管理力度不大，对不落实等级保护制度要求的单位无法进行行政处罚。因此，需要《网络安全法》和《等保条例》共同支撑国家网络安全等级保护制度的全面、有效贯彻落实。

（2）密码相关要求。《等保条例》共八章七十三条。按照工作惯例和工作职责，其中第四章“涉密网络的安全保护”由国家保密局负责起草，第五章“密码管理”由国家密码管理局负责起草。《等保条例》从网络安全等级保护的事前备案审核、事中应用要求，以及事中事后监管各环节和法律责任方面，对密码管理进行了规定。《等保条例》强化了密码应用要求，突出了密码应用监管，明确了重点面向安全保护等级在第三级（含第三级，下同）以上的网络系统，落实密码应用安全性评估制度。《等保条例》第五章明确提出了密码配备、使用、管理和应用安全性评估的有关要求，对网络的密码保护作出规定。其中，对涉密网络，明确密码的检测、装备、采购、使用以及系统设计、运行维护、日常管理、密码评估等方面的要求；对非涉密网络、第三级以上网络提出密码保护要求，明确规定网络运营者应在网络规划、建设和运行阶段，委托专业测评机构开展密码应用安全性评估，并对评估结果备案提出要求。

相关条款原文如下。

> 第十九条【备案审核】 公安机关应当对网络运营者提交的备案材料进行审核。对定级准确、备案材料符合要求的，应在10个工作日内出具网络安全等级保护备案证明。
>
> 第四十五条【确定密码要求】 国家密码管理部门根据网络的安全保护等级、涉密网络的密级和保护等级，确定密码的配备、使用、管理和应用安全性评估要求，制定网络安全等级保护密码标准规范。
>
> 第四十六条【涉密网络密码保护】 涉密网络及传输的国家秘密信息，应当依法采取密码保护。
>
> 密码产品应当经过密码管理部门批准，采用密码技术的软件系统、硬件设备等产品，应当通过密码检测。
>
> 密码的检测、装备、采购和使用等，由密码管理部门统一管理；系统设计、运行维护、日常管理和密码评估，应当按照国家密码管理相关法规和标准执行。
>
> 第四十七条【非涉密网络密码保护】 非涉密网络应当按照国家密码管理法律法规和标准的要求，使用密码技术、产品和服务。第三级以上网络应当采用密码保护，并使用国家密码管理部门认可的密码技术、产品和服务。
>
> 第三级以上网络运营者应在网络规划、建设和运行阶段，按照密码应用安全性评估管理办法和相关标准，委托密码应用安全性测评机构开展密码应用安全性评估。网络通过评估后，方可上线运行，并在投入运行后，每年至少组织一次评估。密码应用安全性评估结果应当报受理备案的公安机关和所在地设区市的密码管理部门备案。

为了深入推进实施网络安全等级保护制度，《等保条例》第六章规定了公安机关、行业主管部门等在网络安全监督管理中的职责和监管要求，就重大隐患处置、安全服务机构（测评机构和安全建设机构）监管、事件调查、保密监督管理、密码监督管理等分别作出规定，提出了网络运营者和技术支持单位应履行的执法协助义务。

2.《关键信息基础设施安全保护条例》

（1）基本情况。习近平总书记曾指出，金融、能源、电力、通信、交通等领域的关键信息基础设施是经济社会运行的神经中枢，是网络安全的重中之重，也是可能遭到重点攻击的目标。《关键信息基础设施安全保护条例》（以下简称《关基条例》）于2021年9月1日起施行。《关基条例》是对《网络安全法》的补充和进一步强调。《关基条例》规定，国家对关键信息基础设施实行重点保护，采取措施，监测、防御、处置来源于中华人民共和国境内外的网络安全风险和威胁，保护关键信息基础设施免受攻击、侵入、干扰和破坏，依法惩治危害关键信息基础设施安全的违法犯罪活动。

从立法体系来看，这是我国首部专门针对关键信息基础设施安全保护工作的行政法规，为开展关键信息基础设施安全保护工作提供了基本遵循。从义务角度来看，《关基条例》明确了各方责任，助力推进关键信息基础设施安全保护能力建设。

（2）关键信息基础设施。《关基条例》第二条明确，关键信息基础设施是指公共通信和信息服务、能源、交通、水利、金融、公共服务、电子政务、国防科技工业等重要行业和领域的，以及其他一旦遭到破坏、丧失功能或者数据泄露，可能严重危害国家安全、国计民生、公共利益的重要网络设施、信息系统等。关键信息基础设施的范围划定关系国计民生，一般安全保护等级在第三级以上。关键信息基础设施范围划定的系统是指垂直的业务系统，仅从业务角度划分，不区分省市级别。

依据《关键信息基础设施确定指南（试行）》，关键信息基础设施包括以下3类。

1）网站类。例如，县级（含）以上党政机关门户网站，重点新闻网站或者日均访问量超过100万人次的网站等。

2）平台类。例如，注册用户数超过1 000万或活跃用户（每日至少登录一次）数超过100万，或日均成交订单额或交易额超过1 000万元的网络服务平台。

3）生产业务类。例如，地市级以上政府机关面向公众服务的业务系统，或与医疗、安防、消防、应急指挥、生产调度、交通指挥等相关的城市管理系统，或规模超过 3 000 个标准机架的数据中心。

（3）密码相关要求。《关基条例》第十二条规定，安全保护措施应当与关键信息基础设施同步规划、同步建设、同步使用。该条款重申了在《网络安全法》中提到的安全“三同步”原则，而密码技术就是重要的安全保护措施之一。

《关基条例》第十七条规定，运营者应当自行或者委托网络安全服务机构对关键信息基础设施每年至少进行一次网络安全检测和风险评估，对发现的安全问题及时整改，并按照保护工作部门要求报送情况。检测、评估内容包括但不限于网络安全制度落实情况、组织机构建设情况、人员和经费投入情况、教育培训情况、网络安全等级保护工作落实情况、密码应用安全性评估情况、云服务安全评估情况、风险评估情况、应急演练情况、攻防演练情况等。

《关基条例》第十九条规定，运营者应当优先采购安全可信的网络产品和服务；采购网络产品和服务可能影响国家安全的，应当按照国家网络安全规定通过安全审查。安全可信包括两层含义：首先是产品有自主知识产权，其次是产品有可信验证能力。《关基条例》确立了具备可信能力的产品的商业优先权。

《关基条例》第二十八条规定，运营者对保护工作部门开展的关键信息基础设施网络安全检查检测工作，以及公安、国家安全、保密行政管理、密码管理等有关部门依法开展的关键信息基础设施网络安全检查工作应当予以配合。

《关基条例》第四十二条规定，运营者对保护工作部门开展的关键信息基础设施网络安全检查检测工作，以及公安、国家安全、保密行政管理、密码管理等有关部门依法开展的关键信息基础设施网络安全检查工作不予配合的，由有关主管部门责令改正；拒不改正的，处 5 万元以上 50 万元以下罚款，对直接负责的主管人员和其他直接责任人员处 1 万元以上 10 万元以下罚款；情节严重的，依法追究相应法律责任。

《关基条例》第五十条第二款规定，关键信息基础设施中的密码使用和管理，还应当遵守相关法律、行政法规的规定。

3.《政务信息系统政府采购管理暂行办法》

《政务信息系统政府采购管理暂行办法》自 2018 年 1 月 1 日起施行。该办法对各相关政务部门在政务信息系统采购需求、项目验收等方面的密码应用提出要求。

采购需求应当落实国家密码管理有关法律法规、政策和标准规范的要求，同步规划、同步建设、同步运行密码保障系统并定期进行评估。采购人应当按照国家有关规定组织政务信息系统项目验收，根据项目特点制定完整的项目验收方案。验收方案应当包括项目所有功能的实现情况、密码应用和安全审查情况、信息系统共享情况、维保服务等采购文件和采购合同规定的内容。

4.《国家政务信息化项目建设管理办法》

《国家政务信息化项目建设管理办法》于2020年2月1日起施行。该管理办法对国家政务信息系统的规划、审批、建设、共享和监管作出规定，对政务信息化的安全可靠建设提出明确要求。相关要求如下。

（1）除国家发展改革委审批或者核报国务院审批的外，其他有关部门自行审批新建、改建、扩建，以及通过政府购买服务方式产生的国家政务信息化项目，应当按规定履行审批程序并向国家发展改革委备案。备案文件包括密码应用方案和密码应用安全性评估报告等。

（2）项目建设单位应当落实国家密码管理有关法律法规和标准规范的要求，同步规划、同步建设、同步运行密码保障系统并定期进行评估。

（3）政务信息化项目在报批阶段，要对产品的安全可靠情况进行说明，包括项目密码应用和安全审查情况等。

（4）政务信息化项目建成后半年内，项目建设单位应当按照国家有关规定申请审批部门组织验收，提交验收申请报告时应当一并附上安全风险评估报告、密码应用安全性评估报告等材料。

（5）对于不符合密码应用和网络安全要求，或者存在重大安全隐患的政务信息系统，不安排运行维护经费，项目建设单位不得新建、改建、扩建政务信息系统。

（6）国务院办公厅、国家发展改革委、财政部、中央网信办会同有关部门按照职责分工，对政务信息化项目是否符合国家有关政务信息共享的要求，以及项目建设中密码应用、网络安全等情况实施监督管理。发现违反国家有关规定或者批复要求的，应当要求项目建设单位限期整改。逾期不整改或者整改后仍不符合要求的，项目审批部门可以对其进行通报批评、暂缓安排投资计划、暂停项目建设直至终止项目。

（7）各部门应当严格按要求采用密码技术，并定期开展密码应用安全性评估，确保政务信息系统运行安全和政务信息资源共享交换的数据安全。

5.《贯彻落实网络安全等级保护制度和关键信息基础设施安全保护制度的指导意见》

《贯彻落实网络安全等级保护制度和关键信息基础设施安全保护制度的指导意见》对安全保护等级为第三级以上的网络运营者提出密码应用要求，规定在网络安全等级测评中同步开展密码应用安全性评估。相关要求原文如下。

二、深入贯彻实施国家网络安全等级保护制度

（六）落实密码安全防护要求。网络运营者应贯彻落实《密码法》等有关法律法规规定和密码应用相关标准规范。第三级以上网络应正确、有效采用密码技术进行保护，并使用符合相关要求的密码产品和服务。第三级以上网络运营者应在网络规划、建设和运行阶段，按照密码应用安全性评估管理办法和相关标准，在网络安全等级测评中同步开展密码应用安全性评估。

三、建立并实施关键信息基础设施安全保护制度

（三）落实关键信息基础设施重点防护措施。关键信息基础设施运营者应依据网络安全等级保护标准开展安全建设并进行等级测评，……，构建以密码技术、可信计算、人工智能、大数据分析等为核心的网络安全保护体系，不断提升关键信息基础设施内生安全、主动免疫和主动防御能力。……

（四）加强重要数据和个人信息保护。运营者应建立并落实重要数据和个人信息安全保护制度，……采取身份鉴别、访问控制、密码保护、安全审计、安全隔离、可信验证等关键技术措施，切实保护重要数据全生命周期安全。……确需向境外提供的，应当遵守有关规定并进行安全评估。

五、加强网络安全工作各项保障

（二）加强经费政策保障。各单位、各部门要通过现有经费渠道，保障关键信息基础设施、第三级以上网络等开展等级测评、风险评估、密码应用安全性检测、演练竞赛、安全建设整改、安全保护平台建设、密码保障系统建设、运行维护、监督检查、教育培训等经费投入。……

6.《公路水路关键信息基础设施安全保护管理办法》

《公路水路关键信息基础设施安全保护管理办法》自 2023 年 6 月 1 日起施行。该办法全面保障公路水路关键信息基础设施安全，维护网络安全。

其第十八条规定，法律、行政法规和国家有关规定要求使用商用密码进行保

护的公路水路关键信息基础设施，其运营者应当使用商用密码进行保护，自行或者委托商用密码检测机构每年至少开展一次商用密码应用安全性评估。该条款压实了运营者主体责任。

该办法明确建立公路水路关键信息基础设施全过程保护制度，要求安全保护措施应当与公路水路关键信息基础设施同步规划、同步建设、同步使用。

该办法规定了运营者在机构设置、人员配备、经费保障、产品和服务采购、个人信息和数据保护、安全检测和风险评估、密码应用、保密管理、教育培训等方面的责任和义务。

培训课程 4

密码政策性文件

一、国家密码政策性文件

1. 网络安全、信息化和科技产业发展相关规划

（1）《国家创新驱动发展战略纲要》。2016 年 5 月，《国家创新驱动发展战略纲要》发布。该战略纲要把“自主创新能力大幅提升”作为战略目标之一，强调“突破制约经济社会发展和国家安全的一系列重大瓶颈问题，初步扭转关键核心技术长期受制于人的被动局面”。同时，在战略任务中明确提出：“发展新一代信息网络技术，增强经济社会发展的信息化基础。……推动宽带移动互联网、云计算、物联网、大数据、高性能计算、移动智能终端等技术研发和综合应用，加大集成电路、工业控制等自主软硬件产品和网络安全技术攻关和推广力度，为我国经济转型升级和维护国家网络安全提供保障。”

密码作为网络安全保障的核心技术和基础支撑，引领信息技术发展，在突破关键核心技术方面发挥举足轻重的作用。

（2）《国家信息化发展战略纲要》。2016 年 7 月，《国家信息化发展战略纲要》发布。该战略纲要提出以下要求：到 2025 年，根本改变核心关键技术受制于人的局面，形成安全可控的信息技术产业体系，电子政务应用和信息惠民水平大幅提高。实现技术先进、产业发达、应用领先、网络安全坚不可摧的战略目标。这一目标的实现离不开密码应用。

（3）《国家网络空间安全战略》。2016 年 12 月，《国家网络空间安全战略》发布。该战略提出网络空间的“七个新”，即信息传播的新渠道、生产生活的新空间、经济发展的新引擎、文化繁荣的新载体、社会治理的新平台、交流合作的新纽带、国家主权的新疆域，为推进密码应用提供了指引和方向。此外，该战略还

明确了“统筹网络安全与发展”的原则，这也是推进密码应用必须遵循的原则。没有网络安全就没有国家安全，没有信息化就没有现代化。网络安全与发展是一体之两翼、驱动之双轮，应正确处理网络安全与发展的关系，坚持以安全保发展、以发展促安全。

（4）《政府网站发展指引》。2017 年 5 月，《政府网站发展指引》发布。该文件明确要求，对重要数据、敏感数据进行分类管理，做好加密存储和传输。使用符合国家密码管理政策和标准规范的密码算法和产品，逐步建立基于密码的网络信任、安全支撑和运行监管机制。

政府网站汇聚了大量政务服务数据和公民个人信息，数据一旦遭到泄露，将造成严重后果。因此，该文件对政府网站提出了使用密码进行数据保护的要求，其核心目标就是建立合规、安全、有效的密码保障体系，为政府网站安全保驾护航。

（5）《“十三五”国家政务信息化工程建设规划》。2017 年 7 月，国家发展改革委印发《“十三五”国家政务信息化工程建设规划》，明确要求政务信息化工程建设要筑牢网络信息安全防线，全面推进安全可靠产品和国产密码应用，提高自主保障能力，切实保障政务信息系统的安全可靠运行。

（6）《新能源汽车产业发展规划（2021—2035 年）》。2020 年 10 月，国务院办公厅印发《新能源汽车产业发展规划（2021—2035 年）》。该发展规划明确提出，打造网络安全保障体系。健全新能源汽车网络安全管理制度，构建统一的汽车身份认证和安全信任体系，推动密码技术深入应用，加强车载信息系统、服务平台及关键电子零部件安全检测，强化新能源汽车数据分级分类和合规应用管理，完善风险评估、预警监测、应急响应机制，保障“车端—传输管网—云端”各环节信息安全。

（7）《“十四五”数字经济发展规划》。2021 年 12 月，国务院印发《“十四五”数字经济发展规划》。该规划要求：提升网络安全应急处置能力，加强电信、金融、能源、交通运输、水利等重要行业领域关键信息基础设施网络安全防护能力，支持开展常态化安全风险评估，加强网络安全等级保护和密码应用安全性评估。

（8）《“十四五”国家信息化规划》。2021 年 12 月，中央网络安全和信息化委员会印发《“十四五”国家信息化规划》，对我国“十四五”时期信息化发展作出部署安排。

首先是重大任务和重点工程的部署安排。在“全国一体化大数据中心体系建设工程”中明确提出，建设基础网络、数据中心、云、数据、应用等一体协同的安全保障体系。开展通信网络安全防护，研究完善海量数据汇聚融合的风险识别与防护技术、数据脱敏技术、数据安全合规性评估认证、数据加密保护机制及相关技术检测手段。

其次是优先行动的部署安排。在“前沿数字技术突破行动”中明确要求，推进区块链技术应用和产业生态健康有序发展。着力推进密码学、共识机制、智能合约等核心技术研究，支持建设安全可控、可持续发展的底层技术平台和区块链开源社区。构建区块链标准规范体系，加强区块链技术测试和评估，制定关键基础领域区块链行业应用标准规范。开展区块链创新应用试点，聚焦金融科技、供应链服务、政务服务、商业科技等领域开展应用示范。建立适应区块链技术机制的安全保障与配套支撑体系。

2. 国家重大专项和行动

（1）《国务院关于加快推进“互联网＋政务服务”工作的指导意见》。2016 年 9 月，《国务院关于加快推进“互联网＋政务服务”工作的指导意见》发布。该指导意见明确了推进“互联网＋政务服务”的具体要求。其中之一就是夯实支撑基础，细化“完善网络基础设施”“加强网络和信息安全保护”等具体任务，提出“加大对涉及国家秘密、商业秘密、个人隐私等重要数据的保护力度，提升信息安全支撑保障水平和风险防范能力”等具体要求。加快推进“互联网＋政务服务”工作，离不开密码保障。只有充分应用密码，“互联网＋政务服务”工作中的网络和信息安全才有坚实基础。

（2）《推进互联网协议第六版（IPv6）规模部署行动计划》。2017 年 11 月，中共中央办公厅、国务院办公厅印发了《推进互联网协议第六版（IPv6）规模部署行动计划》。该行动计划提出“创新发展、保障安全”等基本原则，强调“坚持发展与安全并举，大力促进下一代互联网与经济社会各领域的融合创新，同步推进网络安全系统规划、建设、运行，保障互联网安全可靠、平滑演进”。同时，该行动计划还提出“强化网络安全保障，维护国家网络安全”的重点任务，部署“升级安全系统”“强化地址管理”“加强安全防护”“构筑新兴领域安全保障能力”4 方面具体工作。推进 IPv6 规模部署，离不开密码的应用和支撑。

（3）《工业控制系统信息安全行动计划（2018—2020 年）》。2017 年 12 月，工业和信息化部印发《工业控制系统信息安全行动计划（2018—2020 年）》。在总体要求中提出，确保信息安全与信息化建设同步规划、同步建设、同步运行。在主要行动中提出，通过落实企业主体责任、落实监督管理责任来提升安全管理水平，通过加强防护技术研究、建立健全标准体系来提升安全防护能力。这些要求与网络安全“三同步”原则十分契合，有助于规范工业控制系统中的密码应用工作，切实保障工业控制系统信息安全。

（4）《全国一体化政务服务平台移动端建设指南》。2021 年 9 月，国务院办公厅印发《全国一体化政务服务平台移动端建设指南》。该建设指南要求，各地区和国务院有关部门要综合利用密码技术、安全审计等手段强化本地区本部门政务服务平台移动端安全保障和风险防控能力，构建全方位、多层次、一致性的防护体系，切实保障全国一体化平台移动端安全平稳高效运行。

（5）《国务院办公厅关于加快推进电子证照扩大应用领域和全国互通互认的意见》。2022 年 2 月，《国务院办公厅关于加快推进电子证照扩大应用领域和全国互通互认的意见》公布。该意见要求，建立健全涵盖电子证照应用业务、数据、技术、管理、安全等的标准体系，制定电子证照签章、电子印章密码应用等规范，完善电子证照在移动服务、自助服务等领域的使用规范。加强电子证照签发、归集、存储、使用等各环节安全管理，严格落实网络安全等级保护制度等要求，强化密码应用安全性评估，探索运用区块链、新兴密码技术、隐私计算等手段提升电子证照安全防护、追踪溯源和精准授权等能力。

（6）《国务院关于加强数字政府建设的指导意见》。2022 年 6 月，《国务院关于加强数字政府建设的指导意见》发布。该指导意见要求，加强关键信息基础设施安全保护和网络安全等级保护，建立健全网络安全、保密监测预警和密码应用安全性评估的机制，定期开展网络安全、保密和密码应用检查，提升数字政府领域关键信息基础设施保护水平。

3. 密码政策文件和规划

2011 年，国家密码管理局在《关于做好公钥密码算法升级工作的通知》中要求，建立并使用基于公钥密码的信息系统。

2014 年，国务院办公厅转发国家密码管理局等部门制订的《金融领域密码应用指导意见》。该指导意见提出，金融信息安全是国家信息安全的重要组成部分，密码技术是金融信息安全的核心技术。为提升我国金融信息安全的自主可控能力，促进信息安全及金融服务相关产业的发展，要加快产业升级改造，研制生产基于国产密码的芯片、卡片、终端设备等产品，尽快实现金融信息产品对国产密码的支持；要强化基础设施支撑，抓紧完成密钥管理系统等基础设施的密码升级工作，完善金融密码应用产品的检测认证机制；要稳步推进密码应用，实现国产密码的广泛应用。

2015 年，中共中央办公厅、国务院办公厅印发《关于加强重要领域密码应用的指导意见》。该指导意见提出，新建网络系统应采用国产密码进行保护，已建的需要实施国产密码算法改造。

2018 年，中共中央办公厅、国务院办公厅印发《金融和重要领域密码应用与创新发展工作规划（2018—2022 年）》。该工作规划提出网络空间安全“三新”要求，即构建以密码技术为核心、多种技术相互融合的新网络安全体系，建设以密码基础设施为支撑的新网络安全环境，形成安全互信、开放共享的新网络安全文明。该工作规划还要求，持续深化金融领域密码应用，加强基础设施网络密码应用，促进密码数数字经济融合应用，推进信息惠民密码应用，完善密码应用安全性评估审查机制，建立商用密码测评认证和分类分级检测体系，建设密码信息采集和态势感知平台等。

二、行业与地方政策性文件

1. 金融行业密码应用政策要求

中国人民银行对银行机构使用的密码基础设施、金融 IC 卡、网上银行、移动支付、关键信息系统提出了密码应用要求，要求采用符合国家密码法律法规和标准要求的密码算法和密码产品，构建安全可控的密码保障体系。2016 年，中国人民银行会同原中国银行业监督管理委员会发布《银行卡清算机构管理办法》，要求银行卡清算业务基础设施应满足国家信息安全等级保护要求，使用经国家密码管理机构认可的商用密码产品。2021 年 10 月，《中国人民银行关于加强支付受理终端及相关业务管理的通知》发布，明确要求清算机构、收单机构应当按照《中国人民银行关于强化银行卡受理终端安全管理的通知》规定，对银行卡受理终端采取密码识别技术等有效手段，确保银行卡受理终端序列号不被篡改。2022 年 1 月，中国人民银行会同市场监管总局、银保监会、证监会联合印发《金融标准化“十四五”发展规划》。该发展规划明确提出，“健全金融业网络安全与数据安全标准体系。建立健全金融业关键信息基础设施保护标准体系，支持提升安全防护能力。加强金融网络安全能力评估、风险排查、安全防御、漏洞管理等标准建设，助力提升网络安全威胁发现、监测预警、应急处置、攻击溯源能力。推动金融信息科技外包服务评价、金融机构安全运营中心建设、金融数据分级、生命周期安全与评估、商用密码应用等标准供给与实施”。

保险、证券领域也都提出密码应用要求。原中国保险监督管理委员会要求逐步在电子保单、电子认证、办公系统，以及各类保险业务系统中规范密码引用，使用符合国家密码法律法规和标准要求的密码算法和密码产品，加强密码应用的检测评估，确保密码应用合规、正确、有效。中国证券监督管理委员会明确提出逐步在网上证券、网上期货、网上基金等业务中规范密码应用，按照国家法律法规和标准的要求，推广使用合规有效的密码算法和密码产品。

2020 年 2 月，《中国银保监会办公厅关于预防银行业保险业从业人员金融违法犯罪的指导意见》明确提出，“银行保险机构要制定内部网络安全管理制度和操作规程，建立监督制约机制，确保制度得到刚性执行。加强数据安全管理，严格控制数据授权范围，实现数据分类、重要数据备份和加密”。

2020 年 9 月，《中国银保监会监管数据安全管理办法（试行）》明确指出，监管数据安全是指监管数据在采集、处理、存储、使用等活动中，处于可用、完整和可审计状态，未发生泄露、篡改、损毁、丢失或非法使用等情况。

2023 年 2 月，中国证券监督管理委员会（简称中国证监会）公布《证券期货业网络和信息安全管理办法》。该管理办法要求，核心机构和经营机构应当按照国家及中国证监会有关要求，开展信息技术应用创新以及商用密码应用相关工作。

2. 其他重要行业密码应用政策要求

各领域主管部门，均制定了本领域密码应用总体规划或工作方案，明确要求使用符合国家密码法律法规和标准规范的密码算法和密码产品，实现密码在本领域的全面应用。

教育部要求，在教育和科研计算机网、教育管理、教育资源、电子校务、教育基础数据、教育卡等信息系统，以及面向社会服务的教育政务系统中加强密码应用。2021 年 3 月，《教育部关于加强新时代教育管理信息化工作的通知》要求构建数字认证体系。一是完善教育数字认证基础支撑体系总体规划，建立统一的教育系统密码基础设施和支撑平台。二是建设基于“一校一码、一人一号”的数字认证互联互通互认体系，实现跨平台的单点登录。三是推动以智能终端为载体的多因子认证，探索手机短信、移动协同签名等多种认证方式，提升服务体验。四是数字认证使用的密码技术和产品应符合国家密码管理部门要求。五是探索推动区块链技术在招生考试、学历认证、学分互认、求职就业等领域的应用，提高数字认证可信性。2021 年 7 月，《教育部等六部门关于推进教育新型基础设施建设构建高质量教育支撑体系的指导意见》要求，“推动建设教育系统密码基础设施和支撑平台，建立完善全国统一的身份认证体系，推动移动终端的多因子认证。利用国产商用密码技术推动数据传输和存储加密，提升数据保障能力”。

公安部要求，对于信息安全保护等级在第三级以上的网络信息系统、国家级信息化项目、全国或跨地区联网的网络与信息系统、公安信息网基础设施、面向社会服务的政务信息系统，应加强密码应用。

财政部要求，在政务信息系统采购需求、项目验收等方面加强密码应用。

住房城乡建设部要求，在城市基础设施信息系统、面向社会服务的政务信息系统、行业性业务系统和办公系统中加强密码应用。2020 年 12 月，《住房和城乡建设部等部门关于推动物业服务企业加快发展线上线下生活服务的意见》要求，“保障平台安全运营。严格落实网络和数据安全法律法规和政策标准，建立健全安全管理制度，采用国产密码技术，增强安全可控技术和产品应用，加强日常监测和安全演练，确保智慧物业管理服务平台网络和数据安全”。2021 年 4 月，《住房和城乡建设部等部门关于加快发展数字家庭　提高居住品质的指导意见》要求，“强化网络和数字安全保障。数字家庭系统应同步规划、同步建设、同步使用网络安全技术。按照法律法规规定和国家强制性标准要求，采取技术等必要措施，保障数字家庭系统安全稳定运行，防止信息泄露、损毁、丢失，确保收集、产生数据和个人信息安全。遵守密码应用规定，形成安全可控完整的产业生态系统”。

工业和信息化部要求，在 5G（第 5 代移动通信技术）、物联网、钢铁行业、智能制造、原材料工业等的发展建设中加强密码应用。2021 年 7 月，《5G 应用“扬帆”行动计划（2021—2023 年）》要求，开展 5G 应用安全示范推广，并在 5G 应用中推广使用商用密码，做好密码应用安全性评估。2021 年 9 月，《物联网新型基础设施建设三年行动计划（2021—2023 年）》要求，强化安全支撑保障。加快物联网领域商用密码技术和产品的应用推广，建设面向物联网领域的密码应用检测平台，提升物联网领域商用密码安全性和应用水平。同月发布的《工业和信息化部关于加强车联网网络安全和数据安全工作的通知》提出，认定为关键信息基础设施的，要落实《关键信息基础设施安全保护条例》有关规定，并按照国家有关标准使用商用密码进行保护，自行或者委托商用密码检测机构开展商用密码应用安全性评估。2021 年 11 月，《“十四五”信息通信行业发展规划》要求，健全行业网络安全审查体系，推进网络关键设备安全检测认证，建立供应商网络安全成熟度认证等供应链风险管理制度，稳妥有序推进商用密码应用，提升网络基础设施安全保障水平。2022 年 1 月，《工业和信息化部关于大众消费领域北斗推广应用的若干意见》要求，“加快推进高精度、低功耗、低成本、小型化的北斗芯片及关键元器件研发和产业化，形成北斗与 5G、物联网、车联网等新一代信息技术融合的系统解决方案。鼓励应用商用密码，保障产品安全”。2022 年 2 月，《车联网网络安全和数据安全标准体系建设指南》提出，总体与基础共性标准是车联网网络安全和数据安全的总体性、通用性和指导性标准，包括术语和定义、总体架构、密码应用等 3 类标准。其中，密码应用标准主要规范车联网密码应用通用要求，明确数字证书格式、数字证书应用、设备密码应用等要求。

交通运输部要求，在高速公路电子不停车收费系统、交通一卡通系统、联网售票系统、出行服务系统、运政管理系统、地理信息系统等领域加强密码应用。2019 年 12 月，《推进综合交通运输大数据发展行动纲要（2020—2025 年）》要求，“完善数据安全保障措施。推进交通运输领域数据分类分级管理，加强重要数据和个人信息安全保护，制定数据分级安全管理、数据脱敏等制度规范。推进重要信息系统密码技术应用和重要软硬件设备自主可控”。2021 年 10 月，《数字交通“十四五”发展规划》要求，健全国家综合交通运输信息平台基础支撑和网络安全防护体系，加强关键信息基础设施保护。在推动安全可信服务和产品应用方面，有以下 3 点要求：一是完善行业网络身份认证和设备安全接入认证体系，加强商用密码技术应用、接入检测、监督检查等；二是强化网络安全产品供应链管理；三是推进重要信息系统密码技术应用，完善行业密码服务基础设施。2022 年 1 月，《交通领域科技创新中长期发展规划纲要（2021—2035 年）》要求，围绕全面提升智慧交通发展水平，集中攻克交通运输专业软件和专用系统，加快移动互联网、人工智能、区块链、云计算、大数据等新一代信息技术及空天信息技术与交通运输融合创新应用，推动交通运输领域商用密码创新应用，加快发展交通运输新型基础设施。2022 年 11 月，《道路运输电子证照运行服务规范（试行）》要求，“省级交通运输主管部门应加强电子证照的数据安全保护，严防非法授权访问、非法数据出库等行为，防止数据泄露，保障数据安全。加强国产密码应用和安全性评估”。2023 年 3 月，《加快建设交通强国五年行动计划（2023—2027 年）》印发实施，要求开展网络和数据安全能力提升行动，组织实施网络安全实网攻防演练，加强商用密码应用推广。

水利部要求，在重要水利枢纽、重要水文水利系统中加强密码应用。2021 年 12 月，《“十四五”水利科技创新规划》要求，开展水利关键信息基础设施网络安全防护体系研究，构建网络安全监控平台，研制安全可控的水利关键信息基础设施核心装备，并基于国产密码技术开展数据安全防护研究。

国家邮政局要求，在邮政业加强密码应用。2021 年 12 月，《“十四五”邮政业发展规划》提出，“加强网络数据安全。严格落实网络安全工作责任制，完善行业网络安全、数据安全有关标准规范。在网络建设和运营过程中，同步规划、建设、使用有关安全保护措施，严格落实国家关于等保、关保、密评等有关要求。加强行业关键信息基础设施保护，组织编制相关规划，强化行业指导和监督。加强行业重要数据和个人信息保护”。

国家能源局要求，在电力系统、核电厂、石油天然气、油气管道等重要信息系统和重要工业控制系统中加强密码应用。2022 年 3 月，《2022 年能源工作指导意见》要求，加快能源系统数字化升级。一是积极开展煤矿、油气田、管网、电网、电厂等领域设备设施、工艺流程的智能化升级。二是推动分布式能源、微电网、多能互补等智慧能源与智慧城市、园区协同发展。三是加强北斗系统、5G、国密算法等新技术和“互联网 + 安全监管”智能技术在能源领域的推广应用。2022 年 11 月，新修订的《电力行业网络安全管理办法》要求：电力企业应当按照国家有关规定开展商用密码应用安全性评估等工作，未达到要求的应当及时进行整改；电力行业关键信息基础设施运营者应当于每年 11 月 1 日前，将当年关键信息基础设施安全保护工作的专项总结报行业部门，总结内容应当包括但不限于网络产品和服务采购情况、密码使用情况、下一年度安全保护计划等。同月发布的《电力行业网络安全等级保护管理办法》单独设置“网络安全等级保护的密码管理”一章，要求电力企业应当按照有关法律法规要求，开展商用密码应用安全性评估工作。

国家发展改革委要求，电力、北斗、智慧城镇等领域应加强密码应用。2020 年 7 月，《国家发展改革委办公厅关于加快落实新型城镇化建设补短板强弱项工作有序推进县城智慧化改造的通知》要求，“建全网络安全防护体系，做好网络安全与智慧化改造一体化推进。落实网络安全工作责任制要求，完善智慧化改造网络安全管理制度规范。认真落实国家网络安全等级保护、网络安全审查、云计算采购服务、国家密码管理等有关规定，采购部署安全可靠的软硬件产品，具备与智慧化水平相匹配的体系化安全防护能力”。2022 年 1 月，《“十四五”现代能源体系规划》提出，在网络安全管控方面，加快推进电力监控系统安全防护体系完善工程、电力信息系统密码基础设施建设工程、北斗时空基础设施应用及智能化运营体系工程建设，开展北斗时频网建设，推进重点企业电力北斗综合服务平台建设和终端应用试点。

农业农村部要求，农业农村信息化建设等应加强密码应用。2022 年 2 月，《“十四五”全国农业农村信息化发展规划》提出 4 条工作原则，其中之一是“安全可控，有序推进”。一方面，坚持发展和安全并重，强化网络安全和数据安全保障能力，守住安全底线，全面提升发展的持续性和稳定性。另一方面，坚持数量服从质量、进度服从实效、求好不求快，科学规划、试点先行，因地制宜推进农业农村信息化建设。

商务部要求，电子商务平台、企业等应加强密码应用。2021 年 10 月，《“十四五”电子商务发展规划》要求，“探索建立电子商务平台网络安全防护和金融风险预警机制，支持电子商务相关企业研究多属性的安全认证技术，充分发挥密码在保障网络信息安全方面的作用。加强电子商务企业数据全生命周期管理，建立相应管理制度及安全防护措施，保障网上购物的个人信息和重要数据安全。开展数据出境安全评估能力建设，保障电子商务领域重要数据、个人信息的有序安全流动。指导电子商务企业树牢安全生产意识，完善安全风险治理体系，提升安全生产工作水平”。

国家知识产权局要求，知识产权服务等应加强密码应用。2021 年 12 月，《知识产权公共服务“十四五”规划》要求，全面落实《网络安全法》《数据安全法》《个人信息保护法》《密码法》等法律法规和网络安全等级保护制度，加强安全保护等级在第三级以上的网络信息系统和重要数据的安全防护。要加强对云计算、大数据、区块链、人工智能等新技术新应用的安全防护，确保其技术、产品、服务和供应链安全。要积极推进国产密码技术和产品应用，提升使用密码技术保障网络与数据安全的水平。

国家新闻出版署要求，出版业加强密码应用。2021 年 12 月，《出版业“十四五”时期发展规划》要求，在出版领域区块链技术创新应用工程方面，推动智能合约、共识算法、加密算法、分布式系统等区块链技术在出版产业中的创新应用，以联盟链为重点，发展区块链服务平台，完善数字资产与供应链管理，健全行业监管机制，提高出版（版权）管理水平。

原国家卫生和计划生育委员会曾要求，建设卫生计生行业密码应用基础设施，在人口健康信息平台、卫生计生行业重要信息系统中加强密码应用。现国家卫生健康委要求，在全民健康信息化中加强密码应用。2022 年 8 月，《关于印发医疗卫生机构网络安全管理办法的通知》要求，各医疗卫生机构应按照《密码法》等有关法律法规和密码应用相关标准规范，在网络建设过程中同步规划、同步建设、同步运行密码保护措施，使用符合相关要求的密码产品和服务。2022 年 11 月，《“十四五”全民健康信息化规划》明确要求，“构建卫生健康行业网络可信体系。建设一批医疗卫生机构商用密码应用示范，全面推广商用密码应用，完善卫生健康行业商用密码应用体系。建设各类医疗卫生机构、人员和患者可信数字身份管理系统，实现医患可信身份电子认证和电子签名，保证访问、处理数据的用户身份真实，确保网络行为可管、可控、可溯源。完善卫生健康行业电子认证服务体系，实现电子认证服务跨区域互信互认”。

国家药监局要求，药品监管网络建设中应加强密码应用。2022 年 5 月，《药品监管网络安全与信息化建设“十四五”规划》要求，完善网络安全保障体系，健全网络安全管理制度，开展信息系统安全等级保护备案与信息安全等级保护测评、关键信息基础设施安全保护、密码应用安全性评估等工作。具体任务如下。结合药监云平台服务的建设实际和业务应用的密码需求，进一步建设完善网络安全信任体系。根据各业务系统中密码应用特点，逐步完善国家局密码资源服务能力，满足相关法律法规和管理条例的要求，实现系统和数据的主动安全保护。建设统一认证服务系统，提升密码服务基础水准，扩大密码服务种类，提高密码服务可用性，从服务形态、部署方式、访问接口到运维管理等方面加强密码服务统一管理，为药监云平台建设提供技术先进、方案完备、高效可用的密码安全防护能力。

原国家工商行政管理总局要求，在工商部门面向社会服务的信息系统中，加快推进基于密码的网络信任、安全管理和运行监管体系建设，规范密码应用。

原国家测绘地理信息局要求，在卫星导航基准站、面向社会服务的测绘地理信息政务系统中加强密码应用。

3. 各地区密码应用政策要求

除各行业领域主管部门外，一些省市也出台了密码应用相关政策。

安徽省密码管理局、安徽省财政厅印发《关于重要领域信息系统密码应用工作的通知》，要求凡申报使用财政性资金建设的重要领域信息系统项目，必须提供密码应用方案。

北京市明确将密码应用建设过程中的新建项目所需经费列入同级政府固定资

产投资，升级改造和运行维护所需经费列入同级财政预算，并对密码应用情况进行事前审查。

吉林省制定出台13项密码应用“增量”管控措施，部署在项目立项、项目论证、招标采购等环节，对项目建设实施管控，明确采用密码进行保护的刚性约束。吉林省还出台36项密码供给能力建设扶持政策，涵盖金融、土地、税收、出口等方面，对密码产业、产品和服务等供给侧给予优惠扶持。

江苏省财政厅、江苏省国家密码管理局共同制定《江苏省密码产品采购管理目录》，明确密码产品相关采购要求。

天津市委办公厅、市政府办公厅联合印发《关于重要领域网络与信息系统规范使用密码的通知》。

贵州省委办公厅、省政府办公厅联合印发《贵州省重要领域网络与信息系统密码应用审核实施意见》。该实施意见要求，使用财政性资金新建或改造重要领域网络与信息系统，应当报密码管理部门进行密码使用合规性审查，密码管理部门出具的审核意见应作为财政部门审批资金的必备材料。

河北省财政厅、河北省国家密码管理局、河北省公共资源交易监督办公室联合印发《关于面向社会服务的政务信息系统使用国产密码技术设备的通知》。该通知要求，相关信息系统在新建、改建、扩建时，与商用密码应用同步规划、同步建设、同步运行、定期评估。

上海市密码管理局发布《上海市重要网络和信息系统密码应用与安全性评估工作指南》（现行为2024版），该指南进一步加强和规范了上海市非涉密重要网络和信息系统密码应用与安全性评估工作。

海南省国家密码管理局等十部门联合印发《海南省促进商用密码应用和产业发展若干政策措施》，出台促进商用密码应用和产业发展的15条政策措施。

参 考 文 献

中国就业培训技术指导中心．计算机网络管理员：基础知识［M］．北京：中国劳动社会保障出版社，2009.

褚瓦金，施密特，菲利普斯．日志管理与分析权威指南［M］．姚军，简于涵，刘晖，等译．北京：机械工业出版社，2014.

日志易学院．日志管理与分析［M］．北京：电子工业出版社，2021.

斯托林斯．网络安全基础：应用与标准［M］．白国强，等译.6 版．北京：清华大学出版社，2020.

刘化君．网络安全技术［M］．北京：机械工业出版社，2022.

蒋建春．信息安全工程师教程［M］.2 版．北京：清华大学出版社，2020.

特南鲍姆，费姆斯特尔，韦瑟罗尔．计算机网络［M］．潘爱民，译.6 版．北京：清华大学出版社，2022.

吴世忠，李斌，张晓菲，等．信息安全技术［M］．北京：机械工业出版社，2015.

周学广，张焕国，张少武，等．信息安全学［M］.2 版．北京：机械工业出版社，2008.

《商用密码知识与政策干部读本》编委会．商用密码知识与政策干部读本［M］.北京：人民出版社，2017.

童卫东，李兆宗．中华人民共和国密码法释义［M］．北京：法律出版社，2019.

麻策．网络法实务全书：合规提示与操作指引［M］．北京：法律出版社，2020.

霍炜，郭启全，马原．商用密码应用与安全性评估［M］．北京：电子工业出版社，2020.

彭长根．现代密码学趣味之旅［M］．北京：金城出版社，2015.

斯托林斯．密码编码学与网络安全：原理与实践［M］．王张宜，杨敏，杜瑞颖，等译.5 版．北京：电子工业出版社，2012.

李子臣．密码学：基础理论与应用［M］．北京：电子工业出版社，2019.

结城浩．图解密码技术［M］．周自恒，译．北京：人民邮电出版社，2015.

任伟，许瑞，宋军．现代密码学［M］．北京：机械工业出版社，2020.